인공지능전문가
어떻게
되었을까
?

KB015560

꿈을 이룬 사람들의 생생한 직업 이야기 30편

인공지능전문가 어떻게 되었을까?

1판 1쇄 찍음 2020년 12월 02일

1판 3쇄 펴냄 2023년 03월 31일

펴낸곳	㈜캠퍼스멘토
저자	박성권
책임 편집	이동준 · 북커북
진행 · 윤문	북커북
연구 · 기획	오승훈 · 이사라 · 박민아 · 국희진 · 윤혜원 · ㈜모야컴퍼니
디자인	㈜엔투디
마케팅	윤영재 · 이동준 · 신숙진 · 김지수 · 김수아 · 김연정 · 박제형 · 박예슬
교육운영	문태준 · 이동훈 · 박홍수 · 조용근 · 황예인 · 정훈모
관리	김동욱 · 지재우 · 임철규 · 최영혜 · 이석기
발행인	안광배

주소	서울시 서초구 강남대로 557 (잠원동, 성한빌딩) 9층 ㈜캠퍼스멘토
출판등록	제 2012-000207
구입문의	(02) 333-5966
팩스	(02) 3785-0901
홈페이지	http://www.campusmentor.org

ISBN 978-89-97826-50-6(43550)

ⓒ 박성권 2020

· 이 책은 ㈜캠퍼스멘토가 저작권자와의 계약에 따라 발행한 것이므로 본사의 서면 허락 없이는
  이 책의 일부 또는 전부를 무단 복제 · 전재 · 발췌할 수 없습니다.
· 잘못된 책은 구입하신 곳에서 교환해 드립니다.

· 인터뷰 및 저자 참여 문의 : 이동준 dj@camtor.co.kr

현직
인공지능
전문가들을
통해 알아보는
리얼 직업
이야기

인공지능전문가
어떻게

How did they become
artificial intelligence expert?

되었을까?

CampusMentor
캠퍼스멘토

"도움을 주신
인공지능전문가들을
소개합니다"

중앙대학교 소프트웨어대학
김진형 석좌교수

- 현) 중앙대학교 소프트웨어대학 석좌교수
- 인공지능연구원 설립 및 초대 원장
- 공공데이터전략위원회 민간위원장
- 소프트웨어정책연구소 설립
- (사)앱센터운동본부 설립
- KAIST 전산학과 교수, 현)명예교수

동국대학교 AI융합교육전공
송은정 교수

- 현) 동국대학교 AI융합교육전공 교수
- 현) Google 교육팀 부장
- Microsoft 교육팀 연구원
- 교사
- 고려대학교 교육측정통계 박사
- 이화여자대학교 교육공학 석사

서울대학교 융합과학기술대학원,
(주)수퍼톤
이교구 교수

- 현) (주)수퍼톤 대표이사
- 현) 서울대학교 AI연구원 연구부장
- 현) 서울대학교 지능정보융합학과 교수/학과장
- 미국 음악서비스 회사 Gracenote Inc. 선임연구원
- 스탠퍼드대 컴퓨터음악 및 음향학 박사
- 스탠퍼드대 전기공학 석사
- 뉴욕대 음악테크놀로지 석사
- 서울대학교 전기공학부 학사

한국 IBM (KLAB소장)
이형기 상무

- 현) 한국 IBM 상무(KLAB소장)
- 연세대학교 공학대학원 전산학 석사
- 한국 IBM 연구소 1기 개발자
- 연세대학교 전산과학과 1기

인공지능연구원(AIRI)
김영환 원장

- 현) 인공지능연구원 원장
     KAIST 겸직교수, (주)풀무원 사외이사,
     학교법인 청원학원 이사
- KAIST 전산학부 교수
- KT 연구원, 부사장, 그룹사 사장
- KAIST 전산학과(석사, 박사)
- 경북대학교 전자공과(전산전공)

NAVER AI Lab
김준호 연구원

- 현) NAVER AI Lab 연구원
- NCSOFT
- 네이버 웹툰
- 루닛
- 인공지능연구원
- 중앙대학교 컴퓨터공학전공, 대학원
- 경복고등학교

이 책의 구성

Chapter 2
인공지능전문가의 생생 경험담

Chapter 3

예비 인공지능전문가 아카데미

인공지능전문가,

어떻게 되었을까 ?

인공지능전문가란?

인공지능전문가는

인간에 대한 이해를 바탕으로 컴퓨터와 로봇 등이 인간과 같이

생각하고 결정을 내리도록 인공지능 알고리즘 또는

프로그램을 구현하는 기술을 개발한다.

인공지능전문가가 하는 일

인공지능을 개발하기 위하여 실제 다양한 분야의 **소프트웨어를 개발**하고, 이를 기반으로 **자기 학습이 가능한 로봇을 개발**한다.

◆ 개발하는 대표적인 소프트웨어 분야

사용자가 말하는 음성을 인식하고 이해해 다른 언어로 자동 통번역을 해주는 소프트웨어

자연어를 심층 이해하고 스스로 지식을 학습해 인간처럼 판단하고 예측하는 소프트웨어

대규모 이미지 데이터를 동시에 분석해 영상이 포함하고 있는 객체와 사물의 관계를 이해하고 인식하는 소프트웨어

- 기존 지식을 기계가 배우도록 한 뒤에 기계가 사람 대신 일하게 만드는 기술, 저장한 지식과 여러 지식을 연결해 새로운 지식을 발견하는 기술 등 지식을 학습하고 다른 지식을 이끌어 내는 기술을 개발한다.
- 사람의 말을 이해하고 대화를 통해 사용자의 의도와 상황에 맞는 서비스 및 응답을 제공하는 자연어 대화처리 기술을 개발한다.
- 영상 기반의 단편적인 인지 능력을 넘어 인지된 데이터를 활용하여 스스로 학습하고 영상을 이해하는 실시간 영상인지기술을 개발한다.
- 인간의 두뇌를 모방해 두뇌 작용을 연구하고, 철학적 문제에 대한 해결 방법을 도출하며, 인공 감성을 연구하는 등 심리학과 관련된 연구도 진행한다.

출처: 워크넷

인공지능전문가의 자격 요건

○──── **어떤 특성을 가진 사람들에게 적합할까?** ────○

- 인공지능전문가는 새로운 것에 대한 호기심이 많아야 한다.
- 인간의 뇌와 유사한 방식으로 새로운 지식을 떠올리는 인공지능을 만들기 위해서는 논리적인 사고능력이 필요하다.
- 인공지능전문가는 소프트웨어 관련 전문지식이 있어야 한다.
- 수학적인 실력은 기본이고, 창조적인 생각으로 다양한 기술을 총동원할 수 있는 능력이 필요하다.
- 연구실에서 시간을 할애하는 일이므로 인내와 끈기를 바탕으로 한 집중력을 요한다.
- 인공지능분야는 새로운 기술들이 발전하는 분야이기 때문에 자신의 능력을 인정받기 위해서는 최신 기술과 흐름에 대해 꾸준히 배우려는 노력이 필요하다.
- 여러 분야에 대한 폭넓은 지식이 요구되므로 끊임없이 기술을 익히기 위한 학습을 해야 한다.

출처: 워크넷

인공지능전문가와 관련된 특성

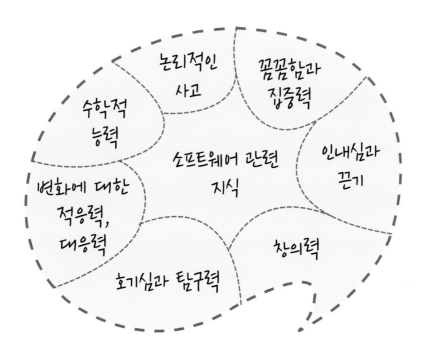

논리적인 사고

꼼꼼함과 집중력

수학적 능력

소프트웨어 관련 지식

인내심과 끈기

변화에 대한 적응력, 대응력

창의력

호기심과 탐구력

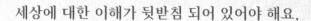

Q "인공지능전문가에게 필요한 자격 요건에는 어떤 것이 있을까요?"

톡(Talk)!
김영환

세상에 대한 이해가 뒷받침 되어 있어야 해요.

저는 직원들을 선발할 때 공부만 한 친구들보다는 아르바이트 등을 통해 다양한 경험을 하면서 세상과 사람에 대한 공부를 많이 한 사람에게 가점을 줍니다. 인공지능전문가도 세상에 필요한 게 무엇인지를 아는 것이 필요하기 때문이죠. 인공지능전문가는 결국 세상을 이롭게 하는 기술을 개발하고 연구하는 직업이에요. 세상을 이롭게 하기 위해서는 지금 세상에는 어떤 것이 필요한지 무엇이 부족한지를 아는 것이 우선이죠. 그렇기 때문에 공부만 하기보다는 세상과 사람을 접하며, 많은 생각을 해보고 다양한 경험을 하는 것이 무엇보다 중요합니다.

톡(Talk)!
송은정

**인공지능전문가는 학습에 대한 지속적인
동기부여가 필요해요.**

인공지능전문가는 스스로 학습에 대한 동기부여를 할 수 있는 역량이 필요해요. 왜냐하면 기술의 변화는 매우 빠르고 그 기술을 따라가기 위해서는 항상 공부를 해야 하기 때문이죠. 스스로 계속해서 공부하는 것에 대한 동기부여가 되지 않는다면 이 분야에서 버티기 힘들 거라고 생각해요. 저는 좋아하는 분야와 공부해야 할 분야를 연결하면서 지속적으로 동기부여를 하고 있어요.

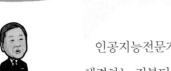

톡(Talk)!
김진형

문제해결능력이 기본적으로 필요한 직업이에요.

인공지능전문가는 사회문제를 보고 불편한 것의 개선점을 생각하고 해결하는 것부터 출발해야 합니다. 앞으로의 사회문제의 대다수는 컴퓨터, 더 나아가 인공지능이 해결할 것입니다. 2015년 UN에서 '지속가능발전목표'(UN-SDGs)로 인권, 성평등, 취약층, 빈곤, 교육, 건강, 경제, 기후 등 전 지구적인 17개의 문제를 발표하였는데요, 이러한 문제를 해결하기 위해서 상당히 많은 부분에 인공지능이 개입할 수밖에 없습니다. 실제로 AI for Social Good, 착한 인공지능에 대해 수많은 과학자들이 연구와 실천을 하고 있습니다. 인공지능은 도구니까 잘 쓰면 이기(利器)가 됩니다.

톡(Talk)!
이교구

인공지능에 대한 전문지식은 물론
다양한 분야의 전문성도 길러야 해요.

인공지능이라는 기술은 인공지능 알고리즘 자체를 연구하기도 하지만 매우 다양한 분야에서 활용되기도 해요. 특히 현재 인공지능은 기반기술처럼 사용되고 있어요. 컴퓨터비전이나 인공청각, 인공후각/미각 등 사람의 감각기관을 모사하는 분야부터 주가예측이나 투자 포트폴리오 분석 등의 금융 분야, 그리고 바이오, 의료 분야와 접목해서 신약개발, 맞춤형 의료, 나아가 최근에는 회화나 작곡 등 응용될 수 있는 분야가 굉장히 많아요.

활용분야에 대한 지식은 필수, 데이터와 신기술에 대한 관심이 필요해요.

우선, 산업(적용하는 영역)에 대한 깊은 이해가 필요합니다. 인공지능 기술의 이용자로서 이해하려는 노력과 적용할 분야와 상황, 어디에 어떻게 적용할지에 대한 깊은 이해는 필수입니다. 또 데이터에 대한 애정이 있어야 해요. 저는 어플리케이션 개발을 했을 때만 해도 데이터를 가볍게 생각했는데, AI는 데이터를 선별하는 과정과 데이터의 정합성이 중요하더라고요. 마지막으로 상황에 적합한 알고리즘을 사용할 수 있도록 신기술과 새로운 알고리즘에 대한 지속적인 관심과 이해도 필요해요. 여기에 탐구정신과 포기하지 않고 계속해서 시도하는 끈기가 더해진다면 더욱 좋죠.

논문구현능력과 수학적 지식은 기본, 개발능력이 필요합니다.

리서치 사이언티스트는 논문을 읽고 구현하는 일을 주로 하기 때문에 글을 이해하고 구현하는 능력이 필수적이에요. 또 수학은 인공지능 분야에서는 기초적인 지식이기 때문에 선형대수학, 확률과 통계, 미분적분 과목 등을 알아두면 좋아요. 무엇보다 리서치 엔지니어는 개발 능력이 우선시 되어야 합니다. 데이터베이스와 서비스화(모델 서빙)에 대한 개념과 자바, 파이썬 등의 프로그램 언어와 개발능력이 필요해요.

내가 생각하고 있는 인공지능전문가의
자격 요건을 적어 보세요!

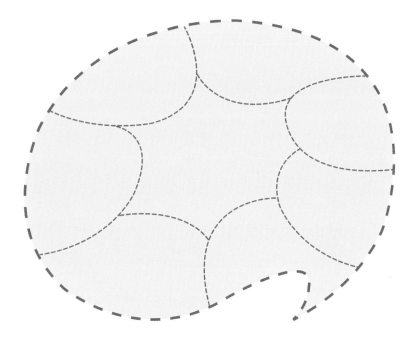

4차 산업혁명과 인공지능

4차 산업혁명이란?

　인공지능(AI), 사물인터넷(IoT), 로봇기술, 드론, 자율주행차, 가상현실(VR) 등 첨단 정보통신기술
이 경제·사회 전반에 융합되어 혁신적인 변화가 나타나는 차세대 산업혁명이다.

　2016년 6월 스위스에서 열린 다보스 포럼(Davos Forum)에서 포럼의 의장이었던 클라우스 슈
밥(Klaus Schwab)이 처음으로 사용하였다. 슈밥 의장은 "이전의 1, 2, 3차 산업혁명이 전 세계적
환경을 혁명적으로 바꿔 놓은 것처럼 4차 산업혁명이 전 세계 질서를 새롭게 만드는 동인이 될 것"
이라고 밝혔다.

◆ **산업혁명의 역사**

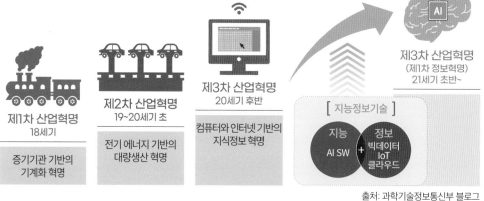

출처: 과학기술정보통신부 블로그

- 1784년 영국에서 시작된 증기기관과 기계화로 대표되는 **1차 산업혁명**
- 1870년 전기를 이용한 대량생산이 본격화된 **2차 산업혁명**
- 1969년 인터넷이 이끈 컴퓨터 정보화 및 자동화 생산시스템이 주도한 **3차 산업혁명**
- 로봇이나 인공지능(AI)을 통해 실제와 가상이 통합돼 사물을 자동적·지능적으로 제어할 수 있는 가
상 물리 시스템이 주도한 **4차 산업혁명**

◆ 4차 산업혁명 핵심 개념

출처 : Pixabay

인공지능(AI·Artificial Intelligence)

인간의 인식 판단, 추론, 문제해결, 언어나 행동지령, 학습 기능과 같은 인간의 두뇌 작용과 같이 컴퓨터 스스로 추론·학습·판단하면서 작업하는 시스템이다.

출처 : Pixabay

사물인터넷(IoT·internet of things)

생활 속 사물들을 유무선 네트워크로 연결해 정보를 공유하는 환경이다. 각종 사물들에 통신 기능을 내장해 인터넷에 연결되도록 해 사람과 사물, 사물과 사물 간의 인터넷 기반 상호 소통을 이룬다. 이를 통해 가전제품과 전자기기는 물론 헬스케어, 원격검침, 스마트홈, 스마트카 등 다양한 분야에서 사물을 네트워크로 연결해 정보를 공유할 수 있다.

출처 : 해시넷

자율주행차

운전자가 브레이크, 핸들, 가속 페달 등을 제어하지 않고 자동차가 도로의 상황을 파악해 자동으로 주행하는 자동차이다.

출처 : Pixabay

가상현실(VR· Virtual Reality)

컴퓨터로 만들어 놓은 가상의 세계에서 사람이 실제와 같은 체험을 할 수 있도록 하는 최첨단 기술이다. 머리에 장착하는 디스플레이 디바이스인 HMD를 활용해 체험할 수 있다. 의학 분야에서 수술 및 해부 연습, 항공·군사 분야에서 비행조종 훈련 등 각 분야에 도입되어 활발히 응용되고 있다.

출처 : Pixabay

드론(Drone)

조종사 없이 무선전파의 유도에 의해서 비행 및 조종이 가능한 비행기나 헬리콥터 모양의 군사용 무인항공기(UAV·unmanned aerial vehicle / uninhabited aerial vehicle)를 말한다. 군사적 용도뿐만 아니라 화산 분화구 촬영처럼 사람이 직접 가서 촬영하기 어려운 장소를 촬영하거나, 인터넷 쇼핑몰의 무인(無人)택배 서비스 등 다양한 분야에서 활용되고 있다.

출처 : 네이버지식백과

인공지능이란?

  인공지능은 컴퓨터가 인간의 지능으로 할 수 있는 사고, 학습, 자기 개발 등을 할 수 있도록 하는 방법을 연구하는 컴퓨터 공학 및 정보기술의 한 분야로, 컴퓨터가 인간의 지능적인 행동을 모방할 수 있도록 하는 것이다.

◆ 4차 산업혁명 핵심 개념

문제해결능력

수식계산, 사진 속 대상 판단, 예측 등 문제해결능력을 지니고 있다.

학습

  모든 프로그램을 사람이 직접 만들었던 과거와 다르게, 입력 및 출력의 데이터가 주어지면 스스로 규칙을 파악하는 학습능력을 지니고 있다.

범용성

다양한 분야에서 응용이 가능하다.

◆ 인공지능의 종류

강인공지능

'인간을 완벽하게 모방한 인공지능'

  강인공지능은 일반적으로 모든 상황에 대해 스스로 행동과 학습이 가능하며, 그 수준이 최소한 인간의 지성 수준인 경우를 의미한다. 아직까지 강인공지능 수준의 인공지능은 개발되지 않았으며, 이론을 토대로 지속적인 연구가 이루어지고 있다.

약인공지능

'유용한 도구로써 설계된 인공지능'

  약인공지능은 사진에서 물체를 찾거나 소리를 듣고 상황을 파악하는 것과 같이 인간은 쉽게 해결할 수 있으나 컴퓨터로 처리하기에는 어려웠던 각종 문제를 수행할 수 있는 인공지능이다. 지능을 가진 무언가라기보다는 특정한 문제를 해결하는 도구로써 활용된다.

출처: 두산백과, 나무위키

◆ 인공지능의 역사 및 전망

역사

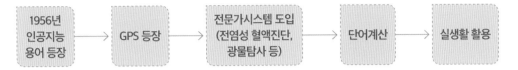

1956년 '인공지능'이라는 용어가 등장했다. 미국의 컴퓨터 과학자 존 맥카시는 인공지능 소프트웨어를 만들기 위해 사용하는 프로그래밍 언어 'LISP(Locator/Identifier Separation Protocol)'를 정의하여 실질적으로 인공지능이' 생산될 수 있는 기반을 만들었다.

이후 인간의 문제해결 방식을 모방하는 범용 프로그램 GPS(General Problem Solver)가 만들어졌고, 1970년대부터 인공지능을 연구 이상의 지식기반 시스템으로 받아들였다. 이를 통해 컴퓨터가 인간과 유사한 기능을 할 수 있다는 전문가 시스템이 도입돼 전염성 혈액을 진단하거나 광물을 탐사하는 분야에 활용하기 시작했다.

이후 인간의 언어를 제대로 다루기 위해 '단어 계산'이라는 것이 나타나면서 단어처럼 모호하고 부정확한 데이터를 다루는 기술도 개발됐다.

1980년대 말에는 일본에서 식기세척기, 세탁기, 에어컨, 텔레비전, 복사기, 자동차 등에 사용되면서 본격적으로 인간의 실생활에 들어왔다.

현황

'컴퓨터, 정보, 사용자가 연결되는 시대'

2000년대 전후 인터넷 시대와 모바일 시대를 지나오면서 인공지능은 컴퓨터(인터넷)-정보(웹·하이퍼텍스트)-사용자(소셜 네트워크)를 연결하는 시대로 발전하고 있다.

빅데이터를 중심으로 고성능컴퓨팅과 인공지능이 연결된 지능형 지식 플랫폼은 실시간 분석과 예측 시스템으로 각광받고 있다. 또한 사용자의 의도를 파악하고 감성 교류를 추구하는 심층 질의응답 기반의 지능형 지식 생산·제공 플랫폼으로의 전환도 예고하고 있다. IBM은 자연어 이해, 정보추출, 기계학습 기술을 기반으로 Deep QA 기술을 개발하여 다양한 분야에 상용화를 추진 중이다. 구글은 자체 개발한 구글 플랫폼에 모든 인터넷 정보를 저장·분석함으로써, 사람들의 모든 질문에 정확한 답을 제공하는 지식그래프를 추구하고 있다.

활용분야

　현재 인공지능은 번역, 상품추천, 음성비서, 자율주행차, 영상판독, 법률, 금융 등 비즈니스와 생활 곳곳에서 다양하게 활용되고 있다. 다양한 인공지능 비서는 주인의 음성을 인식하여 클라우드에 있는 정보제공, 음악재생, 일정관리 등의 기능을 수행한다. 또, CCTV 화면에서 범죄 상황을 판단하여, 범죄 상황이 의심될 경우 경찰이 출동할 수 있게 조치하며, 페이스북의 댓글을 분석해 이용자 중에서 자살 징후가 있을 경우에는 자살방지센터에 연락도 해준다. 이처럼 인공지능은 활용분야가 다양할 뿐만 아니라, 다양한 직업에 접목되어 활용되고 있기 때문에 인공지능전문가의 진출분야는 매우 광범위하다.

전망

'스스로 문제를 해결하는 인공지능'

　인공지능은 향후 사물인터넷(IoT) 시대가 열리면서 이종 지식베이스 및 스마트기기 간의 자율 협업을 기반으로 새로운 문제를 스스로 해결하는 방향으로 진화할 것으로 예측되고 있다. 만약 인공지능 기술의 발전 속도가 지금까지와 동일하다면, 인간을 모방하는 기계도 머지않아 탄생할 것이라고 볼 수 있다.

　전문가들은 고령화 사회와 융합기술시대가 전개됨에 따라 21세기 중후반에는 뇌중심의 융합기술개발이 중요해질 것이라고 보고 있다. 따라서 해당 분야에서 중추적인 역할을 하는 인공지능전문가의 직업적 전망도 매우 유망하다고 볼 수 있다. 심지어 인공지능기술이 데이터를 효과적으로 처리하는 빅데이터의 분석에 활용될 경우, 이들의 역할은 더욱 커질 전망이다.

◆ 인공지능의 핵심 개념

머신러닝

　머신 러닝은 경험적 데이터를 기반으로 학습을 하고 예측을 수행하고 스스로의 성능을 향상시키는 시스템과 이를 위한 알고리즘을 연구하고 구축하는 기술이다.

딥러닝

　딥러닝은 머신러닝의 한 분야로 컴퓨터가 사람처럼 생각하고 배울 수 있도록 하는 기술이다.

출처: 워크넷, 네이버 지식백과

인공지능전문가가 되는 과정

인공지능전문가가 되기 위해서는 컴퓨터공학, 정보공학, 정보시스템, 데이터 프로세싱이나 이와 관련한 전공 분야에서 최소한 학사학위 이상을 취득해야 한다. 높은 수준의 전문지식이 요구되므로, 대학(원)수준에서 신경망, 퍼지, 패턴인식, 전문가시스템, 로봇공학 등의 관련 전공으로 특화된 교육을 받는 것이 좋다. 관련학과로는 정보통신공학과, 컴퓨터공학과, 통계학과 등이 있고, 이외에도 전산학과, 전기전자공학과, 소프트웨어학과와 특수학과로 바이오뇌공학과가 있다.

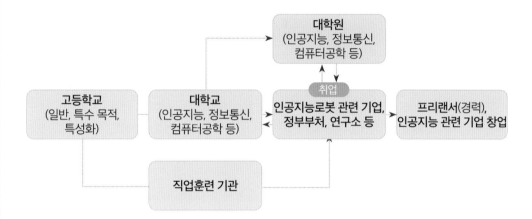

1 관련 전공

인공지능전문가가 되기 위해서는 대학에서 컴퓨터공학, 정보공학, 정보시스템, 정보처리나 이와 관련한 분야를 전공하는 것이 도움이 된다. 소프트웨어전문가가 아니더라도 수학, 수리 논리학, 기초과학, 심리학, 신경생리학 등의 전공자들도 인공지능과 관련된 기초분야를 연구하기 때문에 관련 전공을 선택하는 것이 좋다.

◆ 필요한 공부는?

컴퓨터공학, 소프트웨어공학, 정보처리학, 프로그래밍 등 관련 전문분야는 물론, 기초분야인 수학, 기초과학에 대한 기본지식을 갖추어야 한다. 그 외, 심리학, 신경생리학 등 인간두뇌를 연구하는 분야에 대한 이해가 필요하며, 이 모두를 아우르는 종합능력이 요구된다.

◆ 훈련 과정은?

인공지능전문가가 되기 위한 직접적인 훈련 과정은 없지만, 도움이 될 수 있는 과정으로 컴퓨터 프로그래밍 과정, 시스템 개발자 과정, 데이터베이스 과정, 컴퓨터 네트워크 과정 등이 있다.

출처: 커리어넷

관련 자격증

직접적인 관련자격증은 없지만, 도움이 되는 자격증으로는 데이터분석전문가(Advanced Data Analytics Semi-Professional) 및 정보처리기사 등이 있다.

◆ 데이터분석전문가

과학적 의사결정을 지원하기 위해 (빅)데이터를 활용하여 분석하는 역량을 검정하는 국가공인 민간자격(공인자격 제2015-12호) 시험이다.

- 시행기관 : 한국데이터베이스진흥원
- 응시자격 : ① 박사학위를 취득한자
  - ② 석사학위를 취득하고 해당 분야의 실무경력 1년 이상인 자
  - ③ 학사학위를 취득하고 해당 분야의 실무경력 3년 이상인 자
  - ④ 전문대학 졸업후 해당 분야의 실무경력 6년 이상인 자
  - ⑤ 고등학교 졸업후 해당 분야의 실무경력 9년 이상인 자
  - ⑥ 데이터 분석 준전문가 자격을 취득한 자

- 시험정보

구분	과목	문항 수	합격 기준
필기시험	1. 데이터이해 2. 데이터 처리기술 이해 3. 데이터 분석 기획 4. 데이터 분석 5. 데이터 시각화	객관식 80문항(180분) 서술형 1문항	과목당40%이상, 100점 만점에 70점 이상
실기시험	데이터 분석 실무	(240분)	100점 만점에 75점 이상

• 데이터 분석 자격의 종류

구분	자격분류	내용
데이터 분석 전문가(ADP)	국가공인 민간자격	데이터 이해 및 처리 기술에 대한 기본 지식을 바탕으로 데이터 분석 기획, 데이터 분석, 데이터 시각화 업무를 수행하고 이를 통해 프로세스 혁신 및 마케팅 전략 결정 등의 과학적 의사결정을 지원하는 직무를 수행하는 전문가이다.
데이터 분석 준전문가(ADSP)		데이터 이해에 대한 기본 지식을 바탕으로 데이터 분석 기획 및 데이터 분석 등의 직무를 수행하는 실무자이다.

◆ 정보처리기사

정보처리기사는 정보시스템의 생명주기 전반에 걸친 프로젝트 업무를 수행하는 자격으로서, 계획수립, 분석, 설계, 구현, 시험, 운영, 유지보수 등의 업무를 수행한다. 구체적으로 개발하고자 하는 시스템의 특성을 분석한 후 프로그램을 설계하고, 시스템 설계를 토대로 프로그램을 코딩하는 작업을 한다.

• 시행기관 : 한국산업인력공단
• 응시자격

기술자격 소지자	학력	경력
• 동일분야 다른 종목 기사 • 동일종목 외국자격취득자 • 산업기사 + 실무경력 1년 • 기능사 + 실무경력 3년	• 대졸(졸업예정자) • 기사수준의 훈련과정 이수(예정)자 • 3년제 전문대졸 + 실무경력 1년 • 2년제 전문대졸 + 2년 • 산업기사수준 훈련과정 이수 + 2년	• 실무경력 4년

• 시험정보

구분	시험과목	검정방법 및 시험시간	합격 기준
필기시험	① 소프트웨어 설계 ② 소프트웨어 개발 ③ 데이터베이스 구축 ④ 프로그래밍 언어 활용 ⑤ 정보시스템 구축관리	객관식 4지 택일형, 과목당 20문항 (과목당 30분)	과목당 40점 이상, 전 과목 평균 60점 이상
실기시험	정보처리 실무	필답형 (2시간 30분)	100점 만점에 60점 이상

출처 : 네이버 지식백과

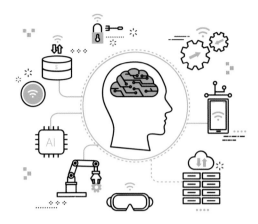

3 취업 분야

◆ **활동 분야는?**

  인공지능전문가는 로봇 설계뿐 아니라 게임, 재생에너지, 검색엔진, 빅 데이터, 영상 및 음성 인식 등 다양한 영역에서 활용이 가능하다.

◆ **진출하는 곳은?**

  인공지능전문가는 다양한 분야의 연구소나 기업체에서 일할 수 있다. 인공지능기술은 과학, 공학, 심리학, 뇌과학이 만나는 융합 학문의 결정체이기에 관련된 분야가 많다. 로봇 설계뿐 아니라 게임, 재생에너지, 검색엔진, 빅 데이터, 영상 및 음성 인식 등 다양한 영역에서 인공지능기술의 활용이 가능하다.

취업을 위한 스펙 쌓기 Tip

- 논문, 혹은 논문 구현 등의 포트폴리오 (Github)
- 관련 대회 수상
  └ 관련대회 : 인공지능, 머신러닝, Kaggle 등 데이터와 관련된 대회
- 관련 자격증 취득하기
  └ 관련자격증: 데이터분석전문가(ADP), 데이터분석준전문가(ADSP)

인공지능전문가와 관련된 직업

인공지능전문가는 정보통신기술(ICT)분야의 직업인 소프트웨어 개발, 시스템 설계 및 프로그램(응용프로그램개발자, 소프트웨어 엔지니어, 시스템개발자, 웹 디자이너, 컴퓨터게임 디자이너 등) 등의 직업과 관련성이 높다.

출처: 커리어넷

인공지능전문가의 좋은 점 · 힘든 점

톡(Talk)!
김진형

| 좋은 점 |

변화의 중심에 서 있다는 자부심이 있어요.

우리 세상이, 인류사회가 어떻게 변해 가고 있는지에 대하여 고민해보고, 그 변화를 주도할 수 있는 일을 찾다보니 인공지능전문가 되어 있네요. 소프트웨어 중심의 사회가 될 것이라는 확신으로 '생각하는 컴퓨터'라는 꿈을 좇아서 열심히 연구하고 도전한 결과 서서히 인공지능 사회가 현실로 다가오는 것 같아서 보람을 느낍니다.

톡(Talk)!
송은정

| 좋은 점 |

**새로운 기술을 가장 먼저 접할 수 있고,
선한 영향력을 줄 수 있어요.**

누구보다 빨리 새로운 기술을 접하고 도전해 볼 수 있다는 장점이 있어요. 또 제가 기술을 통해서 많은 분들을 지원하고 많은 사람들에게 영향력을 미칠 수 있다는 점에서 보람을 느껴요. 특히 많은 교육자 분들과 학생들이 더 편리하게 공부를 하고 삶이 질이 향상되고 기술을 통해서 그분들의 삶에 도움이 되었다는 피드백을 받으면 자부심을 느끼고 정말 감사하죠.

톡(Talk)!
이교구

| 좋은 점 |
학문적 호기심을 해소하는 큰 즐거움을 얻을 수 있어요.

저는 인공지능에 대한 관심이 많아서 현장에 있는 것만으로도 즐거움을 느껴요. 할 수 있는 게 굉장히 많거든요. 저는 앞으로도 AI에 대한 관심이 오랫동안 유지될 거라고 생각하는데요, 아직도 풀어야 할 문제가 많고 인간의 뇌 동작 원리는 아직 근처에도 못 갔거든요. 학문적 호기심에 의해서 뇌의 동작 원리를 알고 싶고 그게 결국 발전이 되면 뇌 질환자나 정신건강에 문제가 있는 분들에게 도움이 되겠죠.

톡(Talk)!
김영환

| 좋은 점 |
세상을 변화시키는 가슴 뛰는 일이에요.

인공지능은 인류가 안고 있는 많은 문제점를 해결하는데 큰 기여를 할 것이라고 믿습니다. 아직까지 인류의 기술로 인간과 같은 감성과 지능을 갖춘 완벽한 인공지능시스템을 개발하는 것이 쉽진 않지만, 세상을 변화시키는 가슴 뛰는 일을 하고 있다는 점이 매력적입니다.

톡(Talk)!
이형기

| 좋은 점 |

사람들의 삶을 이롭게 해주고 지루하지 않는 직업이에요.

인공지능전문가는 불필요한 작업을 줄여 준다는 점에서 보람을 느낄 수 있어요. 저는 고급지식인이 단순반복적인 업무를 하는 것을 보면 안타까운 마음이 드는데요, 이런 업무에 사람을 대신할 수 있는 인공지능을 만들면 사람은 창의적이고 혁신을 요하는 일에 시간과 에너지를 쓸 수 있겠죠. 즉, 인공지능은 인간을 널리 이롭게 할 수 있다고 생각해요. 또 프로젝트마다 다양한 고객의 데이터와 요건을 접할 수 있어 항상 새롭고 흥미진진한 직업이라고 생각해요.

톡(Talk)!
김준호

| 좋은 점 |

인공지능전문가는 삶을 편리하게 해주는 직업이에요.

인공지능전문가는 리서치 사이언티스트와 리서치 엔지니어로 나뉠 수 있는데, 리서치 엔지니어는 논문의 내용을 실질적으로 구현해서 서비스를 제공하는 연구자예요. 주로 팀으로 일을 하는데, 실험 결과가 잘 나오고 서비스가 잘 활용될 때 보람을 느낍니다. 특히 단순반복적인 일, 위험한 일 등 인간이 하기 어렵거나 불필요한 일들을 줄여줄 수 있다는 것에 많은 보람을 느껴요.

| 힘든 점 |
많은 집중력과 밤샘작업이 요구되기도 해요.

인공지능전문가로서 소프트웨어 개발을 하는 경우에는 컴퓨터 프로그램 개발과 디버깅(debugging, 오류를 찾아 수정하는 작업)을 해요. 프로그램 개발은 시간을 토막토막 잘라서 일하는 것보다 연속해서 일해야 효율이 좋습니다. 따라서 많은 집중력을 요구하고 많은 시간이 걸려서 밤샘 작업을 할 때가 있었어요. 그럴 때 힘이 들더라고요.

| 힘든 점 |
끊임없이 공부해야 하고, 말과 행동을 조심해야 해요.

항상 계속해서 새로운 기술을 쫓아가야 하기 때문에 때로는 지칠 수도 있어요. 그래서 기술의 변화에 잘 적응할 수 있도록 꾸준히 노력하고 공부해야 됩니다. 또, 공적인 자리에서 발표하는 경우가 많기 때문에 말을 주의해서 해야 합니다. 많은 사람들이 저를 지켜보고 있기 때문에 그만큼 행동이나 삶에 있어서 더 제 자신에게 엄격해져야 해요.

톡(Talk)!
이교구

| 힘든 점 |
중소규모의 기업에서 대기업과 경쟁하기란 쉽지 않아요.

　인공지능 회사의 운영자로서 힘든 점은 상대적으로 제한된 자원으로 구글, 페이스북, 아마존, OpenAI 등과 경쟁해야 한다는 거죠. 이들은 어마어마한 자원을 투입해서 굉장한 결과물을 내놓거든요. 제가 지금 하는 분야도 마이크로소프트, 아마존, 소니 등 안하는 곳이 없죠. 또 요즘은 AI 민주화라는 말처럼 많은 데이터들이 공유되고 공개되고 있어서 전문지식이 없더라도 금방 기술을 만들어 낼 수 있어요. 거기서 최고의 수준까지 가기는 정말 어려운 부분이죠.

톡(Talk)!
김영환

| 힘든 점 |
혼자서 하기 힘들어요. 같이 해야 해요.

　인공지능과 관련된 프로젝트를 수행하는 것은 혼자서 하기 힘든 일이기 때문에 협업을 해야 하는 경우가 많아요. 여러 사람이나 팀 또는 큰 조직이 협력해서 하는 일이다 보니 융합적 협력능력이 크게 필요합니다.

톡(Talk)!
이형기

| 힘든 점 |
개발과정에서 단순반복적인 업무를 할 때 지치기도 해요.

　인공지능전문가, 특히 저처럼 인공지능 솔루션을 만드는 사람은 많은 데이터를 다루게 되요. 그러다보니 개발하는 동안 단순반복적인 일을 해야 실제적인 인공지능 솔루션을 만들게 되는 경우가 있기도 합니다. 이렇게 계속해서 같은 일을 반복하다보면 지치고 힘들 때가 있어요.

톡(Talk)!
김준호

| 힘든 점 |
리서치 사이언티스트는 혼자 일하는 것에
부담감을 느끼기도 해요.

　저 같은 리서치 사이언티스트는 주로 논문을 쓰는 연구자로, 아이디어가 있을 경우 혼자서 일하는 경우가 많아요. 혼자 한다는 것은 편할 수도 있지만, 부담이 되고 부족함을 느낄 때도 있어요. 따라서 인공지능을 하고 싶은 학생들은 이전과는 다르게 글을 잘 이해하고 구현하는 능력이 기본적으로 필요해요. 여기에 개발 능력까지 추가로 기른다면 더욱 수월하게 일할 수 있어요.

인공지능전문가 종사 현황

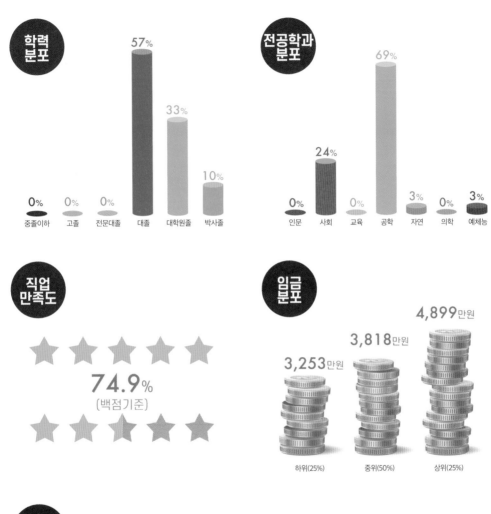

학력분포

- 57% 대졸
- 33% 대학원졸
- 10% 박사졸
- 0% 중졸이하
- 0% 고졸
- 0% 전문대졸

전공학과분포

- 0% 인문
- 24% 사회
- 0% 교육
- 69% 공학
- 3% 자연
- 0% 의학
- 3% 예체능

직업만족도

74.9% (백점기준)

임금분포

- 하위(25%): 3,253만원
- 중위(50%): 3,818만원
- 상위(25%): 4,899만원

일자리전망

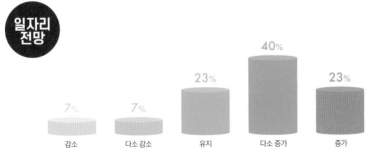

- 감소: 7%
- 다소 감소: 7%
- 유지: 23%
- 다소 증가: 40%
- 증가: 23%

출처: 워크넷

CHAPTER
| 2 |

인공지능전문가의

생생
경험담

미리 보는 인공지능전문가들의 커리어패스

중앙대학교 소프트웨어대학
김진형 석좌교수

KIST 개발자

>

UCLA 컴퓨터과학 박사,
미국 Hughes 연구소 연구원

동국대학교 AI융합교육전공
송은정 교수

전주성심여자고등학교,
전주교육대학교

>

교사,
이화여자대학교 교육공학
석사

서울대학교 융합과학기술대학원,
(주)수퍼톤
이교구 교수

서울대학교 전기공학부 학사

>

뉴욕대 음악테크놀로지 석사,
스탠퍼드대 전기공학 석사,
컴퓨터음악 및 음향학 박사

한국 IBM (KLAB소장)
이형기 상무

연세대학교 전산과학과 1기

>

한국 IBM 연구소 1기 개발자

인공지능연구원(AIRI)
김영환 원장

경북고등학교,
경북대학교 전자과(학사),
KAIST 전산학과(석사, 박사)

>

KT 연구원, 부사장,
그룹사 사장

NAVER AI Lab
김준호 연구원

경복고등학교,
중앙대학교 컴퓨터공학전공,
대학원

>

인공지능연구원,
루닛

KAIST 전산학과 교수

소프트웨어정책연구소,
인공지능연구원,
중앙대 석좌교수

Microsoft 교육팀 연구원,
고려대학교 교육측정통계 박사

Google 교육팀 부장,
동국대학교 AI융합교육전공 교수

미국 음악서비스 회사 Gracenote Inc.
선임연구원

서울대학교 AI연구원 연구부장,
서울대학교 지능정보융합학과 교수/학과장,
(주)수퍼톤 대표이사

연세대학교 공학대학원
전산학 석사

한국 IBM 상무(KLAB소장)

KAIST 전산학부 교수

인공지능연구원 원장

네이버 웹툰,
NCSOFT

NAVER AI Lab 연구원

어린 시절 관심분야가 많고 공부를 잘하던 학생이었다. 큰 목표 없이 공대에 진학하였으나, 우연한 계기로 소프트웨어 개발을 직업으로 선택한 후, 더 많은 것을 배우고 싶어 미국으로 유학길에 나섰다. 미국에서 펄 교수와의 만남을 통해 AI에 매력을 느껴 인공지능전문가가 되었다.

미국에서 일을 하다가 KAIST 교수로 부임하여 한국의 인공지능발전에 힘썼고, 수많은 제자들을 배출하였다. 현재는 중앙대학교 소프트웨어대학의 석좌교수로 활동하며, AI 기술의 현황 파악과 홍보에 주력하고 있다. 지금까지 쌓았던 경험들을 다양한 분야의 젊은이들과 공유하며 소프트웨어 교육의 저변 확대를 목표로 하고 있다.

중앙대학교 소프트웨어대학
김진형 석좌교수

현) 중앙대학교 소프트웨어대학 석좌교수
• 인공지능연구원 설립 및 초대 원장
• 공공데이터전략위원회 민간위원장
• 소프트웨어정책연구소 설립
• (사)앱센터운동본부 설립
• KAIST 전산학과 교수, 현) 명예교수

인공지능전문가의 스케줄

김진형
석좌교수의
하루

20:00 ~ 23:00
▸ 가족들과 함께하는 시간
▸ 운동
▸ 취침

07:00 ~ 09:00
▸ 기상 후 아침식사
▸ 출근 준비

18:00 ~ 20:00
▸ 퇴근 및 저녁식사

NEWS
09:00 ~ 12:00
▸ 출근 후 인터넷 신문
▸ 메일 확인
▸ 자료 조사
▸ 업무 미팅

13:00 ~ 18:00
▸ 대학교, 대학원 강의
▸ 연구 개발, 기술 심사
▸ 교양서적 집필, 인터뷰
▸ 업무 미팅, 회의

12:00 ~ 13:00
▸ 점심식사

AI의 매력에 빠지다

▶ 육군 소위 시절

▶ 1988년 8월. 전국 교수대상 인공지능 강의

▶ 석박사 학위 수여 후

Question 어떤 학생이었나요?

초등학교 때 공부를 잘하는 학생이었습니다. 시험을 보고 중학교에 입학하던 시절, 경기중학교와 고등학교에 다니며 모든 과목을 다 잘하는 것보다 좋아하는 걸 잘하자고 생각했던 것 같습니다. 저는 상대적으로 수학을 잘했는데요, 모의고사에 어려운 문제가 나오면 잘 풀었던 기억이 나네요. 자연스럽게 공과대학을 가겠다고 결심을 했습니다.

Question 학창시절의 성격과 관심 있었던 분야가 궁금해요.

저는 다양한 분야에 관심이 많았어요. 입시가 강한 학교였지만 많은 것을 도전하며 학창시절을 보냈답니다. 특히, 제가 잘하는 것을 하면서 많은 즐거움을 느꼈어요. 캐나다의 아이스하키 선수가 체력적인 면에서 생일이 늦은 동년배들보다 유리하기 때문에 1월생이 많은 것처럼요.

항상 교실 뒷자리에 앉을 만큼 키가 컸는데 야구반에서 포수를 하며 시합에 출전하기도 했고 그림, 축구도 시도하며 제가 잘하고 재미있어 하는 것을 발견하려고 노력했어요. 친구들과 합창부에 가보거나 밴드부에서 나팔도 했었는데, 생각만큼 잘 되지는 않았어요. 오히려 중학교 입학선물로 부모님께 받은 하모니카를 제 동생이 더 잘했던 기억이 나네요. 지금 동생은 유명한 음악가가 되었답니다.

요즘 10대 학생들에게 해주고 싶은 조언이 있나요?

초·중고등학교 시기는 자신이 무엇을 잘하는지 발견하는 시기라고 생각해요. 그래서 다양한 활동을 해보는 것을 추천합니다. 소프트웨어 개발, 운동, 음악, 미술 등 학교에 갖춰진 도구와 환경을 최대한 활용해서 자신이 잘 하는 것을 찾고 그것을 발전시켜나가야 해요. 학교에서 해보고 재미있고 잘 하면 역량을 개발하고 자신의 커리어를 쌓는 것이 중요하죠.

또한 자신이 만든 것을 자랑할 수 있는 기회와 시도가 필요합니다. 발표할 수 있는 기회가 있으면 적극적으로 자신이 만든 걸 자랑해보면 좋겠어요.

저는 인공지능과 기계학습을 배우고 연구하며 사람의 능력이 학습을 통해 얼마나 크게 신장할 수 있는지를 알고 놀라곤 하는데요, 잘하는 걸 잘하는 능력이 월등한 것이 사람입니다. 집중할 수 있는 동기부여가 생기고 칭찬을 받고 자기가 좋아하면 다시 집중을 하고 실력이 계속 늘어나게 됩니다. 이는 인공지능이 따라가기 어려운 점이죠.

Question

대학 생활을 하면서 중요시 여긴 것은 무엇인가요?

전체 성적이 아주 높지는 않았지만 좋아하는 과목에 있어서는 누구에게도 지지 않겠다는 오기와 자신감이 있었습니다. 어려운 시기에 같은 길을 걸으며, 같은 꿈을 꾸었던 친구들이 주위에 있었다는 것도 큰 힘이 되었고요.

대학 시절, 어떻게 진로를 결정하셨나요?

제가 컴퓨터를 만난 것은 우연이었습니다. 공과대학이 어떤 삶으로 이끌어주는지도 모르고 그저 남들 따라 공과대학에 진학했죠. 당시 대학에서는 전공 공부가 미팅, 연애, 데모 등에 밀려서 중요하지 않던 시절이어서 그나마 다행이었다고 생각해요. 그렇게 어영부영 대학시절을 마친 후, 학사장교(ROTC)로 군복무를 마칠 때쯤이 되어서야 '어떤 직업을 택할까?', '어떻게 인생을 살아갈까?'를 고민하게 되었습니다. 이런 의미에서 법과대학, 의과대학으로 진학한 동기들보다 사회 진출 준비를 5, 6년 늦게 하게 된 셈이죠.

Question **처음부터 인공지능전문가가 되고 싶으셨나요?**

인공지능을 만난 것은 우연의 연속이기도 했지만 일종의 숙명이었습니다. 당시로는 생소했던 소프트웨어 개발을 첫 직업으로 택했고, 나아가서 컴퓨터과학, 그 중에서도 인공지능을 전공하겠다고 유학길을 떠났습니다. 그 무모한 도전과 용기는 어디서 나왔을까 생각해봅니다.

1970년대 초 대학 졸업 후 KIST 전산실에서 3년간 시뮬레이션 관련 연구를 했는데, 아무래도 컴퓨터과학에 대한 이해가 부족하더라고요. 정규 교육을 받기 위해 유학을 결심했고, Judea Pearl 교수를 만나 AI를 접하게 됐습니다. 그때 인공지능의 매력에 빠졌다고 할까요? 공학을 전공하는 한명의 과학자로서 인간처럼 생각하고, 말하고, 듣는 AI를 만들겠다는 목표는 매력적일 수밖에 없었어요. 당시 미국 쪽에서도 AI로 얻은 성과는 없었던 때였는데 겁도 없이 전공으로 선택하게 됐죠. 그러나 앞으로의 AI는 많은 곳에 적용되고 사회변화의 중심이 될 것이고, AI 연구자는 '진보의 열차'를 올바른 방향으로 향하도록 할 수 있는 중요한 역할을 담당하게 될 거예요.

첫 직장에서는 어떤 일을 했나요?

제가 대학에 다니던 시절은 컴퓨터가 막 도입되던 시기였어요. 컴퓨터를 보지도 못할 때였고, 소프트웨어개발자라는 직업 또한 굉장히 생소했죠. 그러던 중 1973년 우연히 만난 선배가 컴퓨터 소프트웨어개발자라는 직업을 소개해 주었습니다. KIST 에서는 영어와 간단한 적성검사만으로 개발자를 선발했습니다. 선발된 후에 기술의 대부분은 선배의 어깨너머로 배웠고, 독학으로 산 같이 쌓인 영어 매뉴얼을 읽어가며 많은 노력을 했습니다.

물론 많은 시행착오를 거쳤지만 그 과정에서 매우 단단한 현장 대처 능력을 갖출 수 있었습니다. 당시 KIST 전산실은 우리나라의 유일한 컴퓨터 소프트웨어 개발 조직으로서 KIST에서 필요한 과학기술 계산은 물론 민간 수요의 다양한 전산업무를 수행했습니다. 기업의 관리업무의 전산화, 건설 프로젝트 관리, 전국의 대학입시 관리 등이었죠. 또한 한글의 입출력을 가능하도록 시스템을 개선했으며, 우리 손으로 컴퓨터를 만들자는 연구팀도 운영했습니다.

소프트웨어개발자는 첨단직종이다 보니 기술의 발전이 매우 빨랐습니다. 계속 새 것을 배워야 했죠. 그래서 기초부터 잘 배우고 싶어 미국 유학을 결심했습니다. 대학시절 컴퓨터가 무엇인지도 몰랐던 시골 청년이 신학문인 컴퓨터과학을 전공하겠다고 도전한 것이죠. 그것도 더구나 대학원 과정으로요. KIST에서 3년 간 경험한 것이 도움이 될 것이라는 막연한 기대가 있었습니다.

저는 컴퓨터 모의실험 기법을 전공하겠다고 UCLA를 택했습니다. 모의실험이라는 키워드만을 가지고 나를 지도해 줄 대학원 지도 교수를 찾아 다녔는데요, 어느 날 교정에서 '행위(Behavior)의 모의실험'이라는 주제로 연구 과제를 수행하는 교수가 연구원을 구한다는 공고를 보고 찾아 갔습니다.

그 교수는 이스라엘 출신의 젊은 교수, 유다 펄(Judea Pearl) 교수였습니다. '행위의 모의실험'이란 사람의 생각과 행동을 흉내 내는 컴퓨터를 만드는 것으로서 인공지능의 다른 이름입니다. 펄 교수와의 만남은 큰 행운이었죠. 누구에게나 인생에 한두 번은 이런 행운이 오나 봅니다. 펄 교수는 가난한 나라에서 와서 아이까지 키우면서 공부하겠다는 제게 많은 도움을 주었습니다. 졸업 때까지 연구원직을 제공했고, 졸업할 때는 미국 회사에 일자리를 연결해 주었죠. 펄 교수가 보여준 대학 교수의 제자 사랑은 훗날 KAIST 교수로서 대학원 학생들을 대할 때 제 마음가짐의 규범이 되었습니다.

맡은 분야의 전문가로서 전문성을 쌓기 위한 노력이 있다면 무엇인가요?

KIST에서 저는 컴퓨터를 이용하여 모의실험(simulation)을 하는 워게임(War Game) 팀에 소속되었습니다. 한반도에서 전쟁이 발발 했을 때 탄약 등의 군수물자 소요를 계산하는 것이 주 업무였죠. 고객은 주한미군과 우리 군이었고요. 방공포 작전장교의 경력이 업무에 적지 않은 도움이 되었습니다. 당시 우리는 독자적으로 컴퓨터 워게임 모델을 만들 실력이 되지 않았기 때문에 미군의 대형 프로그램을 도입하여 한반도 상황에 맞도록 수정해서 사용했는데요, 당연히 잘 만들어진 고급 프로그램을 읽을 기회가 많았습니다.

이 기회는 이후 제 소프트웨어 개발자로의 경력 개발에 큰 도움이 되었습니다. 저희는 정말 열심히 일했어요. 영어 매뉴얼을 밑줄을 쳐가며 읽고 토론하며 배웠습니다. 컴퓨터 프로그램 개발과 디버깅(debugging, 오류를 찾아 수정하는 작업)은 많은 집중력을 요구하기 때문에 한번 일을 잡으면 20시간씩 연속으로 일하곤 했습니다. 당시에는 통행금지가 있어서 사무실에서의 밤샘 작업은 일상이 되었습니다. 결혼식 후 첫 출근해서 나흘 동안 집에 못 들어갔는데요, 이 사건으로 아내에게 소프트웨어개발자란 직업의 본질을 강하게 각인시켰죠. 힘은 들었지만 첨단 직종에 근무한다는 자부심도 높았고, 급여도 만족할 만한 수준이었습니다. 이 때 쌓았던 소프트웨어 개발 능력은 제 인생 전반에서 많은 도움을 주었습니다.

▶ KAIST 수업

AI 후학을
양성하다

▶ 스타트업 행사

▶ 실리콘밸리 구글에서 일하는 제자들과 함께

유학을 가셔서 졸업을 하고 미국 현지에서 취업을 하셨는데

어떤 계기로 KAIST에 교수로 부임하셨나요?

　미국에서 인공지능 박사학위를 가지고 태평양을 내려다보는 멋진 위치의 휴즈 연구소에 취업하여 로스앤젤레스에 정착했습니다. 그리고 어느덧 네 식구의 가장이 되었죠. 유학생 시절보다 넉넉한 급여를 즐기며 여유 있는 연구생활을 할 수 있었습니다. 그런데 운명의 장난이라고 해야 할까요? 운명은 미국에서의 안락한 직장생활을 누리는 절 가만 두지 않았습니다.

　어느 날 한국에서 정보통신부 장관 일행이 제 연구소를 방문했습니다. 저는 열심히 연구를 소개했고, 그것이 인연이 되어 한국에 강연하러 다니던 중 1985년에 해외과학자 유치 케이스로 KAIST에 부임하면서 영구 귀국을 했습니다. 미국 연봉의 10분의 1을 받았지만 조국을 위하여 봉사할 수 있는 기회를 주신 것에 감사했습니다. 더구나 대한민국 최고의 수재들이 모인 KAIST의 교수라는 명예는 금전적 손실을 보상 받기에 충분했습니다.

KAIST에서 부임한 후 어떤 일을 하셨나요?

　KAIST에 부임하여 국내 최초의 인공지능연구실을 꾸미고 석·박사 학생을 양성하기 시작했습니다. 당시에도 인공지능은 매우 인기가 있었는데요, 부임하기 전부터 많은 학생들이 인공지능을 전공 하겠다고 기다리고 있었죠. KAIST에서의 인공지능연구실 출범은 국내에 인공지능 연구를 촉진하는 효과가 있었습니다. 1985년 정보과학회 산하에 인공지능연구회를 설립하여 본격적인 계몽 및 연구 활동에 돌입했습니다. 연구회에서는 인공지능에 대한 일반의 과도한 기대를 경계하며 정확한 정보를 전하려고 노력했어요. 1990년 KAIST에 인공지능연구센터(CAIR, Center for AI Research)를 유치하여 설립하였고, 당시로서는 적지 않은 규모인 10년 간, 연간 10억원의 연구비 지원을 받게 되었습니다. 과학기술 전 분야와 경쟁하여 획득한 지원 사업으로서 연구원들의 사기는 높았습니다. 저는 '우리 문화에 맞는 컴퓨터를 만들자'는 목표를 내세우며 한글 및 한국어 처리의 연구에 집중했습니다.

한글 OCR 문서인식, 펜컴퓨터 등이 주요 연구 주제였습니다. 물론 방법론은 인공신경망 등 첨단기법을 활용했고요. 학생들은 패턴인식, 인공신경망의 주제로 석·박사 학위를 받았습니다. 1990년 한국의 대표로서 환태평양 인공지능학술대회(PRICAI) 설립에 참여하고, 1992년 서울대회를 유치하여 성공적으로 개최했습니다. 대한민국 땅에서 개최된 최초의 인공지능학술대회였죠. 이후에도 여러 차례 국제학술대회를 개최하여 이 분야에서 한국의 국제적 위상을 높이고 학생들의 국제화 감각을 높이도록 했습니다.

Question **교수님은 제자 사랑도 남다르신 것 같습니다.**

KAIST에서 정년퇴임할 때까지 30년 간 100명 가까운 석·박사를 양성했습니다. 이들은 교수가 되어 여러 대학에서 인공지능 교육을 책임지고 있으며, 국내외 기업에서 인공지능 개발을 이끌고 있죠. 또 여러 제자가 창업하여 국내 IT산업계를 이끌어가고 있습니다. 적지 않은 제자가 실리콘밸리 등 해외에서 일하고 있는 것도 특이한데요, 그동안 국내 기업이 인공지능에 관심을 보이지 않았기 때문일 것입니다.

소프트웨어 정책에 대한 교수님의 생각은 어떤가요?

컴퓨팅 전문가로서 정부의 정책수립에 자문할 기회가 잦아졌고 기회가 있을 때마다 소프트웨어의 중요성을 역설했습니다. 이 분야에 종사하는 사람이자, 제자들을 키워서 이 분야로 보내는 교수로서 우리나라의 소프트웨어 정책을 바로잡아야 한다는 사명감이 깊어졌습니다.

우선 KAIST에 소프트웨어 대학원과 소프트웨어정책연구센터를 설립하여 현장 인력의 재교육과 현실적인 정책 대안을 연구했습니다. 다행히도 소프트웨어정책센터는 과학기술정통부 산하에 소프트웨어정책연구소 설립으로 이어졌고, KAIST를 퇴임하면서 제가 초대 연구소장을 맡았습니다. 이 연구소에서 소프트웨어 중심 사회를 준비하는 여러 정책을 수립했습니다.

또, 모든 초·중고등학교에서 정규 교과목으로 코딩 교육을 실시하고, 소프트웨어 중심 대학 지정을 통해서 모든 대학생에게 컴퓨팅 교육을 지원하는 제도를 도입했습니다. 소프트웨어 중심 사회의 여러 정책 수립에 참여한 것은 지금도 매우 자랑스럽습니다.

소프트웨어정책연구소장으로 있으면서 국가 차원의 인공지능 연구조직의 필요성을 강조했습니다. 인공지능 전공자로서 세계의 흐름을 알고 있었기 때문이죠. 다행스럽게도 알파고가 이런 노력을 도와주었어요. 알파고 대국 이후 4개월 만에 국민적 성원에 힘입어 인공지능연구원을 설립하여 초대원장을 맡았습니다.

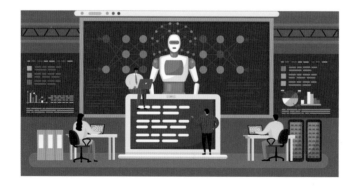

Question 요즘 주력하고 계신 일과 향후 계획이 어떻게 되나요?

    최근에는 주로 AI 기술의 현황 파악과 홍보에 주력하고 있습니다. 기업관계자나 국가 지도자들이 AI의 본질을 이해하고, 현재의 기술로 할 수 있는 것과 할 수 없는 것을 명확하게 이해하는 것은 매우 중요한 일이기 때문에 이를 위해 강의나 저술활동 등을 전개하고 있습니다. 또 중앙대 석좌교수로서 학교차원의 AI확산에 도움을 주고 있습니다.

    '인공지능 기술의 이해'라는 컴퓨터 전공자를 위한 기초과목 강의도 맡고 있는데, 더 많은 학생들을 교육할 필요가 있죠. 현재 전공 불문 모든 대학생들이 인공지능을 정확하게 이해하고 사용할 수 있도록 교양과목에서 사용할 AI 소개서 「김진형 교수에게 듣는 AI 최강의 수업」을 발간했습니다.

Question 인공지능전문가라는 직업 외에 교수님은 어떤 사람인가요?

    카이스트에서 정년퇴임 할 때 사회봉사를 해야겠다는 생각을 하고 실천하고 있습니다. 제 전문성을 활용해 소프트웨어 교육과 창업 훈련을 하는 사단법인 '앱센터운동'을 설립하였고요. 이곳이 지금은 소프트웨어 교육 혁신본부로 이름이 바뀌었고 장애인을 위한 소프트웨어 교육을 하고 있습니다. 저는 이사로 있으며 봉사에 참여하고 있어요. 요즘에는 상당수의 시간을 고등학교에서 강의 봉사를 하고 있습니다.

    자녀가 외국에서 정착해 올해 방학을 손주와 가족과 함께 보내려 했는데 코로나19로 인해 가지 못해 아쉽습니다. 어느 책에서 보았는데 죽을 때 후회하는 것이 사랑하는 사람들과 오랜 시간을 같이 하지 못한 아쉬움이라고 하더라고요, 앞으로는 사랑하는 사람들과 더 오랜 시간을 같이 있으려고 합니다.

'앱센터운동'의 설립 계기와 과정은 무엇인가요?

IT 환경은 급속하게 발전합니다. 1980년대 중반에 확산되기 시작한 인터넷은 곧 거대한 온라인산업을 형성했죠.

우리나라 정부도 IT 강국의 국정 목표로 초고속망 건설을 지원 하고, 젊은이들의 창업을 독려했습니다. 2000년경에는 KAIST 졸업생들의 창업 열풍이 거세게 몰아쳤지만 그 거품은 곧 꺼졌습니다. 그 과정에서 여러 제자들의 어려움을 지켜보자니 무척이나 안타까웠습니다.

닷컴 버블이 꺼지는 과정을 보면서 우리 창업 생태계에서 두 가지 문제점을 발견했습니다. 창업자들이 필수 기술에 대한 이해의 깊이가 없다는 것과 창업 과정에 대한 훈련이 전혀 없다는 것입니다. 창업 후에 창업자와 소프트웨어개발자 간의 많은 갈등을 보면서 내가 기여할 부분이 있는지 그 길을 찾아 나섰습니다. 아이디어 있는 사람과 소프트웨어 개발 능력 있는 사람들이 잘 연결된다면 성공의 가능성이 훨씬 높아질 것이라는 생각에서였습니다. 이런 생각을 행동에 옮기게 된 결정적인 계기는 스마트폰의 출현입니다. 애플의 아이폰이 나오면서 글로벌 시장에서는 모바일 앱이 활성화되기 시작했지요. 앱을 개발하여 온라인 스토어에서 판매하는 생태계는 우리 젊은이들에게 기회죠. 아이디어와 앱 개발할 능력이 있으면 큰 투자 없이도 노트북 하나로 창업이 가능합니다. 이 때 시도한 것이 '앱센터운동'입니다. 젊은이들을 모아서 같이 앱을 개발하여 창업으로 연결시키는 운동인데요, 2009년 사단법인을 설립하고 이사장을 맡아 본격적인 활동에 나섰습니다.

앱센터운동을 통해 창업 아이디어를 발굴하고, 투자자와 연결하는 등의 활동은 이후 창조경제 등으로 정부 창업지원 정책으로 이어졌습니다. 이 때 창업한 회사들 중에 지금은 반듯하게 정착한 회사가 여럿 있습니다.

2010년 초 앱 개발 열풍을 이끌었던 앱센터운동본부가 지금은 사회적 약자들을 위한 소프트웨어 교육에 집중하고 있습니다. 지금은 충분히 앱 개발이 활성화 되어 있으니 그에 맞는 역할을 찾았다고 생각해요. 이제는 똑똑한 제자들과 후배들이 잘 해낼 거라 믿고, 지금까지 쌓았던 경험들을 다양한 분야의 젊은이들과 공유하며 소프트웨어 교육의 저변 확대를 위한 제 역할을 하고 싶어요.

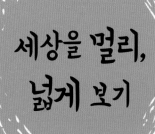

세상을 멀리,
넓게 보기

▶ 가족들과 함께 골프라운딩

▶ 아내와 함께

▶ 인터넷대상 심사위원장

Question

인공지능에 대한 오해와 진실은 무엇인가요?

인공지능이 세상 문제를 다 푸는 만병통치약인 것처럼 생각하는데 그렇지 않습니다. 인공지능은 컴퓨터를 이용해서 문제를 푸는 방법 중에서 어려운 문제를 푸는 것이라고 말할 수 있어요. 컴퓨터 소프트웨어 교육을 소홀히 하면서 인공지능을 해보자라고 하는 것은 무리가 있습니다.

Question

지인 혹은 가족들에게 인공지능전문가를 추천하실 의사가 있으신가요?

당연히 추천합니다. 인공지능전문가는 굉장히 보람을 느낄 수 있는 직업이에요. 저희 집 아이들도 인공지능을 하고 있고, 평소 창업에 대해 강조해서 창업도 했습니다. 큰 아이는 컴퓨터과를 나와서 경영대학원을 거쳐 미국 현지 보험회사에서 빅데이터를 분석하고 있고, 둘째 아이는 웨어러블 컴퓨팅을 시작해 사람간의 관계를 모델링하는 회사를 창업했습니다. 저는 주위의 사람들에게 일단 컴퓨팅은 해야 한다고 말합니다. 컴퓨팅은 도구이기 때문에 가급적이면 숙달하고 이후에 세부 전공을 찾아가라고 추천합니다.

Question 추천하고 싶은 책이 있다면 무엇인가요?

　유발 하라리의 '사피엔스'라는 책을 추천합니다. 이 책을 읽으면서 역사학자 유발 하라리의 역사학에 대한 관점과 인류 진화의 과정을 흥미롭게 느낄 수 있었고요, 큰 감동을 받았습니다. 이후 유발 하라리의 책을 모두 읽고 관련 동영상을 찾아보고 있습니다.

　인공지능을 연구하며 인류 진화와 기술에 대해 늘 관심을 가지고 있는데 이 책을 읽으며 깊이 생각할 수 있었습니다.

Question 우리나라의 AI 수준을 높이고 저변을 확대하기 위해선 무엇이 필요할까요?

　AI는 결국 컴퓨터과학의 일부입니다. 컴퓨터를 똑똑하게 만들려는 노력의 과정에서 빠르게 계산하는 알고리즘을 만들고 데이터를 모으는 능력을 부여해 AI가 탄생한 거죠. 우리나라는 IT 강국이라고 하지만, 컴퓨터 과학 분야에서는 뒤처져 있는 게 현실이랍니다. 단적으로 말씀드리자면 서울대 컴퓨터공학 전공자는 1년에 55명이에요. 스탠포드대학은 1,500명 공과대학생 중 50%, 약 750명 정도가 컴퓨터과학을 전공합니다. 이런 차이를 극복하는 것은 쉽지 않아요. 따라서 컴퓨터과학 전공자를 질적, 양적으로 확대하는 것이 무엇보다 필요한 일이라고 생각해요. 초중고에서부터 코딩교육을 강화하고, 대학에서는 전공을 불문하고 컴퓨팅, 소프트웨어, 데이터를 잘 활용하는 능력을 갖추도록 교육해야 전 산업에서 AI를 활용하고 혁신을 만들 수 있을 것입니다.

Question ᄔ차 산업혁명 시대 미래 모습을 예측해본다면?

자동화가 심각해지고 잘못하면 인간성을 잃어버릴 수도 있습니다. 최근에는 인공지능과 두뇌를 연결하는 뉴럴링크 시도도 있었죠. 가짜 뉴스와 딥 페이크 등 인공지능이 잘못 쓰이는 면도 있습니다. 따라서 사회변화, 윤리적 마인드가 굉장히 중요하다고 생각해요. 기술만 집중해서 사회적 책임감을 가지지 않으면 나쁜 엔지니어가 될 가능성이 많습니다. 자신의 성취감에만 빠져서 기술을 만들었는데, 나쁜 용도로 계속 쓰이게 되면 사회에 해를 끼치는 정도가 아니라 멸망으로까지 이끌어 갈 수 있을 정도로 인공지능은 날카로운 양날의 검과 같습니다. 선한 인공지능을 위해서 지속적인 노력이 필요합니다.

Question 인공지능 시대에 미래를 준비하는 청년들에게

미래를 준비하는 젊은이들에게 전공을 선택하는데 있어서 몇 가지 조언을 드리면 첫째, '멀리 보고 전공을 선택하라.' 우리 세상이, 인류사회가 어떻게 변해 가고 있는지에 대하여 고민해보고, 그 변화를 주도할 수 있는 전공을 택하라는 것입니다.

제가 컴퓨터를 전공으로 선택할 때는 세상이 컴퓨터에 의한, 소프트웨어 중심의 사회가 될 것이란 확신을 갖고 있었습니다. 인공지능을 세부전공으로 선택할 때에는 이 분야가 현실적 성과는 별로 없었지만 '생각하는 컴퓨터'라는 꿈을 좇아서 택했죠. 이제야 성과가 나오기 시작하니 보람을 느낍니다.

둘째, '글로벌 시각에서 전 인류적 관점에서 무엇을 해야 하는가를 고민하라.' 기후 문제, 전염병 문제에서 보았듯이 이제 세계는 하나의 세상입니다. 비록 나라는 작지만 우리 국민들의 능력은 결코 작지 않죠. 세계사에 큰 족적을 남기기를 기대합니다.

공학자로서의 사명을 가져야해요. AI가 가진 많은 기술적 약점을 해결해서 안전하고 견고하고 신뢰도 높은 시스템을 만들어야 합니다. 예를 들면, 딥 러닝은 입력의 작은 변화에도 판단 결과가 크게 바뀌는 약점이 있고, 데이터의 편견을 그대로 학습합니다. 이런 부분은 보완이 필요하지요.

또 윤리적 감수성을 유지하기 위해 철학, 종교 등 인문학에도 관심을 가졌으면 합니다. AI의 발전으로 우리가 생각하지 못했던 상황이 벌어질 가능성이 큽니다. 앞으로 AI를 연구할 젊은이들이 인류의 행복을 위해 어떻게 해야 하는지 고민하며 AI를 바라봤으면 좋겠습니다.

"가치 있게 살자." 입니다. 봉사도 하면서요. 나의 즐거움은 돈으로 살 수 있는 게 아니더라고요. 성취감과 봉사해서 느끼는 자존감이 저의 즐거움입니다. 그리고 "세상을 남보다 한 발짝 앞서서 보자."는 철학으로 전문성을 높이고 있습니다.

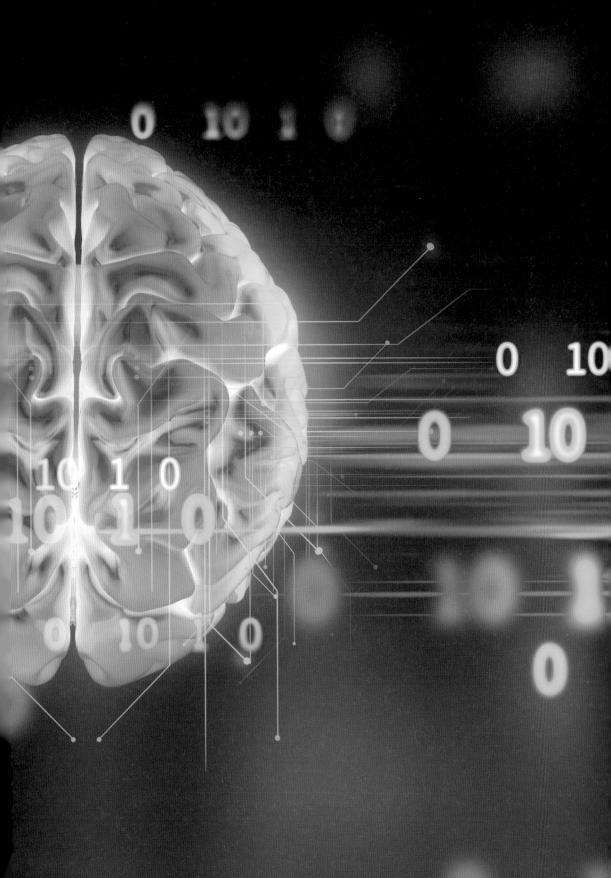

어린 시절 활발하고 적극적인 성격으로 학생 및 선생님들과 원만한 관계를 유지하였고, 다양한 분야에 도전하는 학생이었다. 어릴 적 꿈을 반영해 교육대학교에 진학해 교사가 되었고, 더 나은 교사가 되기 위해 연구하던 중 인공지능과 데이터사이언스를 접하게 되었다. 이후 마이크로소프트로 이직하여 교육 분야에 인공지능을 결합하려는 목표 아래에서 활동하였다.

현재는 구글 교육팀(Google for Education)에서 기술을 활용해서 세상을 변화시키는 사회공헌과 교육지원 업무를 하고 있고, 동국대학교 AI융합전공 교수로 교육 분야의 많은 사람들이 인공지능을 통해서 자신의 가능성을 펼쳐나갈 수 있도록 인공지능 및 데이터과학 분야를 가르치고 있다.

- -

동국대학교 AI융합교육전공
송은정 교수

현) 동국대학교 AI융합교육전공 교수
현) Google 교육팀 부장
- Microsoft 교육팀 연구원
- 교사
- 고려대학교 교육측정통계 박사
- 이화여자대학교 교육공학 석사

인공지능전문가의 스케줄

송은정
교수의
하루

05:00 ~ 06:00
▸ 기상 후 스트레칭
▸ 명상
▸ 아침식사, 티 타임

06:00 ~ 07:00
▸ 논문 정독
07:00 ~ 08:00
▸ 운동(헬스장,
홈트레이닝)

08:00 ~ 08:30
▸ 전화 영어
▸ 근무 준비

08:30 ~ 18:00
▸ 업무, 회의
▸ 점심 식사
▸ 강의, 연구

18:00 ~ 19:00
▸ 독서, 스터디 모임

19:00 ~ 23:00
▸ 친지, 지인과의
저녁 식사
▸ 휴식, 취침

교사에서
인공지능
전문가로

▶ 어린 시절, 힘찬 달리기 모습

▶ 학창 시절, 다양한 악기 활동

▶ 대학 시절, 다양한 동아리 활동

Question 어린 시절 어떤 아이였나요?

어릴 때부터 컴퓨터에 관심과 호기심이 많아서 아홉 살 때부터 컴퓨터 프로그래밍을 했어요. 컴퓨터 학원에서 자유 시간을 주면 게임 보다는 컴퓨터 안에서 다른 작업을 해 보는 것에 관심이 많았죠. 도스 시절에 숨겨진 디렉토리에 들어가 보는 등 선생님께서 가르쳐주신 것 외에 제가 할 수 있는 다른 걸 해봤던 기억이 나네요.

중고등학교 때에는 공부보다는 음악과 운동을 다양하게 배우고 해보는 학생이었어요. 피아노도 열심히 쳤고 수영이나 태권도도 열심히 했었죠. 책도 좋아해서 다양한 책을 읽곤 했었어요.

Question 학창시절의 성격과 관심 있었던 분야는 무엇인가요?

활발하고 적극적인 성격으로 초등학생과 대학생 때 학생회장을 했습니다. 다른 학생들과 함께 적극적으로 학생회 활동을 하는 학생이었죠. 학교 선생님들과도 좋은 관계를 유지해서 선생님들께서 예뻐해 주시는 편이었어요. 개인적으로 만나서 제 진로에 대해서 코칭을 받는 일도 종종 있었는데요, 선생님들이 학생들에게 대화를 요청하실 때 저는 기회라고 생각했어요.

학창시절에 또래집단 외에 만날 수 있는 사람들이 선생님들이고 다른 경험을 할 수 있는 안전한 방법이 선생님들과 많이 이야기 하는 것이라고 생각해서 선생님들과의 대화를 전략적으로 활용했어요. 다양한 선생님들에게 저에 대한 피드백을 받으려고 노력했죠. 어른들은 나를 어떻게 생각하고 어떤 조언을 주실지 궁금했거든요. 피드백이 마음에 들지 않더라도 '어른들은 이렇게 생각하고 나에 대해서 이렇게 조언을 주시려고 하는구나.'라고 긍정적으로 받아들이려고 노력했어요.

지금도 고려대학교에서 국내 최고의 석학이자 은사님이신 홍세희 교수님을 모시고 있는데 만날 때마다 긴장되고 떨리지만 한 번이라도 더 다가가서 조언을 받으려고 애쓰는 편입니다.

교수님의 10대 시절을 토대로 학생들에게 해주고 싶은 조언이 있나요?

1. 나의 시절을 충분히 즐겨라. 그 시기에만 할 수 있는 것들이 있다고 생각해요. 중학생이기에, 고등학생이기에 할 수 있는 것들이 있어요. 그런 것들을 충분히 즐겼으면 좋겠습니다.

2. 너무 작은 일에 속상해 하지 마라. 내 스스로도 계속 변할 수 있고 내가 처한 상황도 내가 바꿀 수 있거든요. 지금 무언가 잘 안되거나 나를 도와주지 않는 상황이 있더라도 너무 속상해 하지 않았으면 좋겠습니다.

3. 시간, 장소, 만나는 사람이 중요하다. 내 의지만으로는 내 삶이 잘 바뀌지 않아요. 누구나 다 노력하고 싶은데 잘 안 되는 거죠. 시간, 장소, 만나는 사람을 바꾸면 내가 원하는 대로 삶을 이끌어 갈 수 있다고 생각합니다.

대학 시절, 어떻게 진로를 결정하게 되었는지 궁금해요

저는 부모님의 희망과 저의 어렸을 때의 진로를 반영해서 교육대학교에 진학하였어요. 어렸을 때부터 선생님이 되어야 한다는 기본적인 생각이 있었어요. 그러나 한번 사는 인생인데 하나의 직업만을 가진다는 게 아깝다고 생각해서 대학에 다니면서 교사가 될 준비도 기본적으로 하면서, 내 인생에 변화가 생기거나 새로운 기회가 왔을 경우에 대비하여 교대 이외의 대학교에 다니는 친구들의 취업 준비과정을 살펴보고 염두에 두었죠. 친구들이 보통 영어공부나 공모전 등 커리어패스를 쌓는 것을 보고 저도 임용시험 준비와 함께 커리어패스를 준비했어요. 미래는 항상 불투명하고, 앞으로 100세, 200세 언제까지 살지 모르는데 한 가지 직업만 준비하기에는 너무 고지식하다고 느꼈죠. 이렇게 준비를 했기 때문에 교사 말고 다른 직업으로 갈 수 있었던 것 같아요. 교사의 정년이 62세인데 우리의 수명이 연장되어 그 이후에도 할 수 있는 것이 있어야 하거든요.

저는 대학생 때 다양한 경험을 하는 게 중요하다고 생각했어요. 대학생으로서 허용되는 실수나 시행착오가 있기 때문에 다양한 동아리 활동과 아르바이트 경험을 쌓으려고 노력했습니다. 그중 하나로 신문사에서 기자 생활을 했었는데요, 이 경험이 제 인생에 정말 많은 도움이 되고 있어요. 저는 공부, 강의, 회사 업무를 할 때 제 생각과 결과물을 글로 써서 전달할 때가 많은데, 대학생 때 신문사 기자 생활을 하며 글 쓰는 훈련을 받았던 게 평생 동안 제 업무 성과나 노력한 성과를 글로 표현하는데 많은 도움이 되요. 특히 기자생활을 하며 책을 편집하고 조판하는 과정을 알게 되서 이후 책 발간 작업에 참여할 때마다 큰 도움이 되었습니다.

그러나 대학시절 성적은 많이 좋지는 않았어요. 인공지능이나 데이터과학 분야에 관심이 많았고 논문 쓰는 일을 좋아해서 교수님들과 소논문 쓰는 작업을 많이 했었는데, 관심 분야에 너무 몰입해서 열심히 하다 보니 기초, 기본적인 공부는 소홀하지 않았나하는 후회가 항상 들더라고요.

저는 2009년에 교직을 시작했는데, 교직을 시작하면서 마이크로소프트, 인텔과 같이 미래교육을 연구하게 되었습니다. 앞으로 유망해질 분야와 미래 아이들이 길러야 할 역량에 대한 연구였죠. 이를 통해 인공지능과 데이터사이언스 관련해서 변화가 생길 것이라는 정보를 얻게 되었고, 이때부터 인공지능 및 데이터사이언스와 관련된 공부를 해야겠다는 생각이 들어서 꾸준히 이 분야에 대한 공부를 시작했어요.

2015년에 미국 마이크로소프트에서 근무할 당시 이미 미국에서는 한국보다 조금 일찍 인공지능과 데이터사이언스 관련 분야가 활짝 꽃 피워져 있었고, 미국에서 더 공부를 하고 마이크로소프트에서 전문성을 쌓으면서 지금 이렇게 한국에서 많은 분들께 인공지능과 관련된 분야를 소개해 드리게 되었답니다.

 **Question** 교직에 있을 때와 MS 엔지니어로 있을 때의 느낀 점이 다르신가요?

교직에 있었을 때는 미래사회를 바꾸는 것이 '교육'이라고 생각했어요. 미래사회를 만들고 이끌어가는 건 바로 미래사회의 구성원인 아이들이거든요. 그래서 제 미래를 바꾸는 방법도 당시 제가 하고 있는 교육이라고 믿었죠. 내가 어떤 콘텐츠를 어떤 방식으로 아이들에게 전달하고 경험을 하게 해주는지에 따라 앞으로의 나의 미래도 결정될 거라고 생각하고 새로운 교육 방식을 시도할 필요가 있다는 생각을 점차 하게 되었어요.

이후 마이크로소프트에 입사하여 교육 분야에 관계된 엔지니어로서 활동하면서, 앞으로는 데이터와 인공지능이 주도하는 새로운 시대가 열릴 것이라고 느꼈습니다. 미국은 우리나라보다 산업의 발전과 기술 혁신도 빠른데, 실리콘밸리의 여러 전도유망한 회사들의 기술 혁신을 보면서 전 세계로 퍼져 나가는 기술의 핵심에 인공지능이 있다는 것을 알게 되었죠. 그렇게 교사시절에 막연히 생각하기만 했던 새로운 교육방식의 실체가 바로 인공지능과 데이터라고 느꼈고, 인공지능을 중심으로 나의 전문성을 개발하고 우리 아이들과 제 주변의 선생님들에게 이 내용을 전해야겠다고 결심을 하게 되었답니다.

Question 교수님께 살면서 기억에 남는 경험이 있나요?

2015년에 마이크로소프트에서 근무를 시작하면서 시애틀에 갔어요. 마이크로소프트 본사는 레드몬드라는 굉장히 작은 소도시에 있어요. 윈도우XP에 바탕화면 속 초록색 잔디밭 동산이 바로 레드몬드입니다.

이곳에서 근무하며 전 세계의 입사동기들과 같이 있었죠. 한국에서 저는 똘똘하고 공부와 일을 잘하는 신입사원이었는데, 미국이라는 낯선 땅에서는 영어나 문화에 대한 이해도가 미국사람들에 비해 부족하다보니 제가 가지고 있는 가능성과 능력을 100% 다 보여줄 수 없는 답답한 상황에 처하게 되었어요. 주변 사람들은 제가 무얼 잘 하는지 몰랐고 저도 위축되어서 제가 잘 하는 걸 적극적으로 어필하지 못했어요.

이런 상황을 극복하기 위해 저는 제가 잘 할 수 있는 걸 찾아보았죠. 저는 다른 나라 사람들보다 수학이나 컴퓨터를 잘 했는데요, 전 세계 사람들이 모이면 보통 한국이나 인도 사람들이 수학이나 컴퓨터를 월등히 잘해요. 그렇게 제가 잘하는 걸 보여줄 수 있는 때가 오면 적극적으로 보여줘야겠다고 마음을 먹고 일이 끝나면 집에 가서 내가 잘 하는걸 사람들과 같이 공유할 준비를 했죠. 그리고 제가 잘하는 주제에 대해 논의할 기회가 왔을 때, 그동안 제가 준비했던 걸 보여줬어요. 그러자 사람들이 "역시 한국과 인도 사람들은 컴퓨터와 수학을 잘 한다더니 너도 그렇구나!"라면서 저뿐만 아니라 모든 한국 사람들과 제가 속한 나라에 대해서 다시 한번 생각하는 걸 봤고 저도 그때 자신감을 가지게 되었어요.

저는 여러분들에게 새로운 환경에 처해서 위축이 되더라도 내가 잘할 수 있는 것에 집중해서 자신 있게 보여줄 수 있어야 된다고 말씀드리고 싶어요. 언제 그런 기회가 찾아올지 모르니까 내가 잘 하는 걸 언제든지 보여줄 수 있게 준비를 했으면 좋겠습니다.

교육에
인공지능을
더하다

▶ 구글 김태원 전무님과 대학생 특강을 통해 만남

▶ 마인드맵의 창시자 토니부잔 선생님께 뇌과학과
마인드맵을 배움

▶ 조벽 교수님께 미래 교육에 대한 가르침을 받음

동국대학교와 구글 교육팀에 입사하여
인공지능을 연구·교육·개발하게 된 계기가 무엇인가요?

교육은 미래를 바꾸는 가장 큰 방아쇠이자 확실한 솔루션이에요. 미래사회에 영향을 미치는 핵심 기술은 인공지능이고, 그래서 교육 분야에 인공지능을 접목하는 게 필수적이라고 느꼈어요. 사실 인공지능이나 데이터사이언스 같은 첨단과학 분야는 의료나 금융같이 경제성이 있는 분야에 주로 도입이 되요. 확실하게 생산성이 향상되고 투자대비 비용을 바로 회수할 수 있는 분야이기 때문이죠.

이런 측면에서 교육은 도입되는 순위가 낮은 거예요. 그래서 제가 먼저 주도하지 않으면 아무도 교육 분야에 인공지능을 도입하거나 연구할 것 같지 않았어요. 교육은 누가 봐도 돈이 될 것 같지 않은 분야지만, 저는 교육 분야에 인공지능을 도입하는 게 우리 아이들과 사회의 미래를 위해서 꼭 필요하다고 생각해서 동국대학교나 구글 교육팀에서 교육 분야에 인공지능을 접목하는 일을 하게 되었죠.

구글 교육팀과 동국대학교 AI융합학과에서는
어떤 일을 하나요?

구글 교육팀에서는 구글의 기술들을 활용하여 교육을 지원하는 모든 일을 하고 있습니다. 구글의 다양한 제품들을 활용해서 학생이 배우고 선생님이 가르치는 일, 즉 학습과 수행을 지원하는 일들을 하고 있는 거죠. 구체적으로는 구글 워크스페이스, 구글 클래스룸을 교실에 도입하는 일, 선생님들과 학생들이 구글의 기술들을 잘 활용하실 수 있도록 지원하는 교육 업무, 구글의 인공지능과 데이터과학 기술들을 가르치고 배우거나 교육에 활용하는 지원들을 제가 담당하고 있어요.

동국대학교에서는 교육자 분들에게 인공지능을 가르치는 일을 하고 있습니다. 교육자 분들이 결국 학생들에게 인공지능을 가르치기 때문에, 인공지능 기술만 가르치지 않고 학생들에게 전달되는 교수학습방법까지 포괄해서 지도하고 있습니다.

현 분야에서 일하게 되신 후 맡은 첫 업무는 무엇인가요?

기술을 전도하는 전문가로서 제 첫 업무는 교사에서 마이크로소프트로 이직했을 때 시작됐어요. 출근한 첫 날부터 회사에서 밤을 새웠어요. 출근 첫날에 한국 시장에서 기술을 활용한 교육 혁신 지원 계획을 세워야 했거든요. 전 세계적인 교육 공학의 발전방향, 우리나라 교육 정책의 변화, 학생 역량 신장을 위한 선생님들의 ICT 활용 트렌드를 고려해서 전략을 짜야하는 복잡한 업무였죠. 그런데 모든 팀원들이 집에 가지 않고 일을 하고 있더라고요. 저도 팀원들과 밤새도록 토론하고 계획을 세우는 바람에 회사에서 밤을 지새웠던 기억이 나네요.

Question 현재 근무환경은 어떤가요?

구글은 최근에 코로나19로 인해 전 세계 전 직원이 재택 근무를 하고 있습니다. 코로나19가 확산된 2월부터 9월인 현재까지 재택근무 중인 거죠. 이렇게 전 직원이 집에서 근무를 하는데도 회사에는 아무런 타격이 없었습니다. 왜냐하면 원래부터 기술을 활용해서 일을 하는 게 기본인 회사고 전 세계 직원들이 코로나19 이전부터도 온라인으로 협업을 하고 있었거든요. 구글 입장에서는 변화가 크지 않은 거죠. 오히려 현재 구글의 스코어는 더 잘 되고 있고요. 이미 IT 회사들은 준비가 되어있었고 많은 디지털 업무환경을 인공지능이 지원하고 있습니다. 직원들에게 먼저 서비스가 시범적으로 적용이 되는 건데요. 지금 개발 중인데 외부에 공개되지 않은 기술들이 직원들에게는 먼저 적용이 되는 거죠. 그래서 다수의 인공지능 기술들이 내부 직원들이 쓰는 플랫폼들에 이미 적용이 되어있고, 업무에도 많은 도움이 된답니다.

시간과 건강관리의 팁이 있나요?

인공지능전문가들은 데이터에서부터 출발한 사람들과 컴퓨터사이언스에서 출발한 사람들이 있는데요, 저는 데이터 기반에서 인공지능을 다루는 엔지니어입니다. 그래서 건강과 시간 관리도 제 일상생활의 데이터를 계속해서 기록하는 게 관리의 비법인 것 같아요.

스마트워치나 스마트폰의 건강 앱으로 하루에 얼마나 걸었는지, 헬스장에 가게 되면 체크인과 체크아웃 시간이 자동으로 기록되게 해두었어요. 핸드폰과 노트북에 레스큐 타임(Rescue Time)으로 사용 시간과 활동 기록이 남도록 설정하고 일주일에 한 번씩 자동으로 리포트가 오게 했거든요. 제가 얼마나 일주일을 하루를 생산적으로 살았는지 리포트를 보고 자동으로 리뷰를 할 수 있도록 리포팅 시스템을 만들어둔 거죠. 제가 스스로 관리를 하려고 노력하는 것도 있지만 이런 셀프 리뷰를 통해 생활을 개선하게 되는 측면이 있습니다.

원래 운동을 잘 안 했는데요. 운동을 안 하니 제가 제 하루를 활기차게 쓸 수가 없었어요. 그래서 운동은 제 하루를 활기차게 쓰기 위해서 노력해서 하는 편이에요.

인공지능전문가라는 직업 외에
교수님은 어떤 사람이라고 생각하나요?

친구들 사이에서 저는 잘 알아봐주는 친구예요. 주로 컴퓨터나 가전제품을 알아봐주는 친구인데요, 제가 컴퓨터를 워낙 좋아하니까 친구들이 '컴퓨터를 새로 바꾸고 싶은데 뭘 사야 좋을까?', '노트북 사고 싶은데 뭐 사야해?', '핸드폰 어디서 사야 제일 싸?'와 같이 제가 잘 아는 분야에 대해 질문을 해요. 그러면 저는 '알아보는 김에 나도 한번 공부를 해볼까?'라고 생각하며 친구들의 부탁을 흔쾌히 들어줘요. 친구들의 부탁을 알아보면서 궁금한 것이 있으면 찾아보게 되고, 그러면서 저도 많이 배우게 된답니다.

Question AI 전문가로서 앞으로 어떤 커리어를 쌓고 싶은가요?

인공지능전문가로서 저는 내용 전달을 중심으로 활동하고 있어요. 인공지능을 소개하는 단계로, 인공지능과 기술도입방법들을 소개하고 이것을 적용하는 데에 있어 기술적으로 지원하는 초기단계라고 생각해요.

다음 단계로 생각하는 것은 인공지능이 우리 사회에 윤리적으로 잘 자리 잡을 수 있게 도와드리는 거예요. 점차 인공지능과 관련해 사회, 문화, 윤리, 법률적으로 여러 문제가 발생할 것으로 예측되거든요. 예를 들면 자율주행자동차가 보행자와 탑승자 중 누구를 살리는 방향으로 설계가 되어야 하는지, 어떻게 작동을 해야 더 많은 사람들의 생명을 살릴 수 있게 기술을 개발하고 법률적, 사회 문화적으로 합의를 이끌어 낼 것인지 등이 있죠. 이런 부분에서는 저희 인공지능전문가들이 활동을 해야 된다고 생각해요. 또 그런 부분을 교육할 수 있도록 먼저 길을 만들어 드려야 하고요.

Question AI 전문가의 사회공헌활동에는 어떤 것이 있나요?

저는 동물보호단체나 사회적 기업들이 기술을 활용하는데 있어 개인적인 컨설팅과 지원을 해드리고 있어요. 비영리단체나 사회적 기업들은 소규모로 시작을 하기 때문에 기술적으로 큰 회사들처럼 시스템을 갖추고 업무를 시작하지 못해요. 이런 분들에게 소프트웨어 라이선스를 지원하거나 효율적인 협업 환경을 구축하는데 도움을 드리기도 하고, 의료분야 스타트업들을 대상으로 인공지능 기술도입 코칭도 진행하고 있어요.

AI,
누구나 도전할
수 있다

▶ Microsoft 근무 당시 시애틀 본사에서

▶ 교육부 중앙교육연수원 특강에서

▶ 태국에서 열린 국제 학술대회 발표 모습

Question AI전문가의 오해와 진실

많은 사람들이 인공지능을 마법 같은 거라고 생각하는데 인공지능은 마법이 아닙니다. 많은 영화나 소설에서 인공지능을 마술적으로 묘사를 하기 때문에 사람들이 신비한 것으로 생각하고 인공지능을 만드는 사람들도 복잡하고 예민하고 컴퓨터에 빠져있는 괴짜일 것이라고 생각하더라고요. 하지만 인공지능은 굉장히 넓은 분야라서 다양한 사람들이 개발하고 활동하고 있어요. 자신의 전문 분야에 인공지능을 잘 접목하기 위해 인공지능을 부수적으로 연구하고 개발하고 있답니다. 그래서 대부분의 AI전문가는 해당 분야 전문가 플러스 인공지능인 거죠. 저는 교육 플러스 인공지능과 데이터 전문가이고요.

Question 내 삶의 가치관이나 좌우명은?

'배려하면서 살자.'

제가 제일 중요하게 생각하는 건 배려인데요, 배려하면 보통 타인에 대한 배려를 먼저 떠올리지만, 저는 스스로를 배려할 수 있어야 다른 사람도 배려할 수 있다고 생각해요. 내 건강을 배려하고 나의 문화적인 소양도 배려해서 바쁜 시간 속에서도 영화를 보거나 음악을 즐기는 등의 취미생활을 가질 필요가 있어요. 스스로에 대한 배려와 타인에 대한 배려, 우리 사회에 대한 배려, 말 못하는 생물체에 대한 배려도 필요하다고 생각합니다. 또, 기술이 인간을 배려해야 되고요. 서로를 조금씩만 배려하고 저 스스로도 배려하면 모두가 편안한 삶을 살 수 있지 않을까 하고 생각하는 편이에요.

지인 혹은 가족들에게 AI 전문가를 추천하실 의향이 있나요?

인공지능은 끊임없이 연구하고 공부해야 되는 영역이 넓은 분야예요. 만약 제 지인이나 가족들이 공부를 좋아하는 성향이면 추천을 하고 싶지만, 공부 말고 즐거운 삶을 좇는 친구들이라면 자신이 관심 있는 분야에서 인공지능을 활용하는 AI활용전문가를 추천해주고 싶어요.

인공지능은 세상을 어떻게 변화시킬까요?

저는 인공지능이 사회적 약자를 돕는 세상을 만들 것이라고 생각해요. 인공지능은 지금까지 우리가 불가능하다고 생각했던 것들을 가능하게 만들어 주거든요. 목소리를 잃어버려 수화로 얘기하시는 장애인들의 구강구조를 분석해서 목소리를 찾아주기도 하고, 몸이 불편한 소아마비나 뇌성마비 환자분들과의 의사소통도 인공지능기술을 통해 더 쉽게 할 수 있어요. 그리고 시각장애인 분들에게 인공지능 기술로 주변에 어떠한 사물들이 있는지 안내를 해주는 것도 가능하고요.

누구나 나이가 들면 몸이 불편해지고 사회적으로 약자가 되잖아요. 앞으로는 인공지능 로봇을 가정에 지원해 많은 사회적 약자들이 불편함 없이 생활할 수 있도록 인공지능 기술이 활용될 거예요. 지금까지 사람의 힘으로 해결할 수 없었던 부분들을 인공지능이 많이 해결해 줄 것이기 때문에, 인공지능은 사회적 약자를 돕는 세상을 만들 것이라고 생각해요. 물론 이것이 실현되기 위해서는 사람들이 법과 사회, 윤리, 문화적인 측면에서 그 기술이 정말로 사회적 약자를 돕는데 투입 될 수 있게 미리 합의를 하고 정비를 해 놓는 일들이 필요합니다.

'AI 전문가'를 꿈꾸는 청소년들에게 해주실 말씀이 있다면?

인공지능전문가는 AI개발전문가와 AI활용전문가로 나눌 수 있어요. AI개발전문가는 평생 공부를 많이 해야 해서 이 분야를 즐겁게 공부할 수 있는 친구들이 AI개발전문가로 진로를 선택했으면 하고, 공부 말고 재미있는 게 더 많다는 친구들한테는 AI활용전문가를 추천해요. 만약 엔터테인먼트에 관심이 있으면 엔터테인먼트 분야에 인공지능 기술을 활용해서 더 많은 성취를 이루는 여러 방법을 연구해 볼 수 있겠죠. 물론 인공지능 개발과 활용을 병행하는 것도 충분히 가능해요.

저는 교육학을 전공했지만 교육 분야에 인공지능 엔진을 개발하는 업무를 했었고, 지금 대학에서는 교육 분야에 인공지능을 활용하는 것까지 가르치고 있는 거죠. 저뿐만 아니라 실제로 많은 전문가들이 두 분야를 동시에 하고 있어요. 하지만 한 분야만 전문적으로 하시는 분들도 많아서 이건 선택하기 나름인 것 같아요. 누구나 인공지능 기술을 활용할 수 있고 자신의 분야에서 인공지능을 통해 더 많은 성취를 가져갈 수 있거든요. 여러분들도 인공지능 기술에 대해서 너무 장벽을 높게 느끼지 않았으면 좋겠어요.

Question **AI에는 없는 인간만이 가진 인간다움은 무엇일까요?**

도전이라고 생각해요. 알고리즘은 기본적으로 학습된 명령을 따르는게 가장 최상위의 룰인데요. 인공지능도 알고리즘으로 출발하기 때문에 나의 대전제를 거스르는 행동을 선택하기가 쉽지 않거든요. 그런데 인간은 쉽게 다른 선택을 하고 논리적으로 이치에 맞지 않는 행동들도 해요. 저는 이게 인간만이 가지고 있는 도전정신이라고 생각해요. 사람은 기계와 다르게 때로는 내가 손해볼 행동도 하고 논리적이지 않는 도전도 하고 그러면서 실패를 통해서 배워가거든요.

우리 청소년들이 키워야 될 역량으로 첫 번째는 공감, 두 번째는 예술적인 역량, 세 번째는 윤리적인 판단력이라고 생각해요.

첫 번째 공감은 기계로부터 받기는 힘들어요. 기계는 실존성이 떨어지기 때문이죠. 카카오톡에 심심이라는 자동으로 답변을 해주는 챗봇이 있는데 처음에는 호기심에 대화를 하다가도 진짜 세상에 존재하는 내 옆에 따뜻하게 숨 쉬는 친구가 아니기 때문에 결국은 시들해지거든요. 예전에 사이버 가수의 사례에서도 알 수 있죠. 우리는 실존하는 대상에 대해서 기본적으로 흥미가 있는데, 옆에 있는 친구들과 잘 협력하고 소통할 수 있는 첫 번째 출발점이 바로 공감이거든요. 내 생각을 공감해주는 사람과 커뮤니케이션하고 싶고 같이 협업을 하고 싶죠.

두 번째 예술적인 역량은 인공지능도 얼마든지 예술작품을 만들 수는 있어요. 인공지능도 그림을 그리고 작곡도 하죠. 그런데 사람만이 가질 수 있는 힘은 사람의 생명은 유한하다는 거예요. 피카소의 작품은 피카소가 살아있을 때에만 그림이 만들어지고, 조수미의 라이브 콘서트는 조수미가 살아있을 때만 우리가 직접 가서 들을 수 있어요. 사람이 만들어 내는 예술적인 작품과 사람이 향유하는 예술적인 감수성은 사람만이 가질 수 있는 강력한 힘이거든요. 사람의 생명은 유한하기 때문에 사람이 만들어 내는 예술의 가치는 높다고 보아요. 그래서 우리 아이들이 예술에 관심을 가지고 즐기고 그 예술을 창조해 주었으면 하는 바람이 있습니다.

세 번째 윤리적인 판단력은 인공지능이 발달하면 사람과 기술이 잘 조화롭게 살아가는 사회 문화적인 합의가 필요한데, 그러기 위해서는 우리 아이들이 민주시민으로서 성장을 해야 되거든요. 그래서 윤리적인 판단을 잘 내릴 수 있는 그런 아이들이 미래사회에는 정말 중요할 것 같습니다.

추천하고 싶은 책이 있다면 무엇인가요?

저는 어렸을 때 '나의 라임 오렌지나무'라는 책을 정말 감명 깊게 읽었어요. 어렸을 때의 저처럼 미래를 걱정하고 지금 내 상황에 대해 불안해하고 더 나은 내가 되기 위해서 노력하는 친구들에게 이 책을 추천해요. 이 책을 볼 미래의 독자들에게 해주고 싶은 말은 우리 주변에는 나를 도와주는 사람들이 생각보다 많고, 내가 따뜻한 마음을 가지고 주변을 바라보고 도와줄 수 있는 사람이 되어야한다는 거예요.

너무 내 미래만 생각하다 보면 주변을 못 돌아보게 되고 새로운 기회를 못 잡게 되는 것 같아요. 너무 발전하고 싶다 보니까 내 세계에 갇혀서 새로운 기회나 주변사람들에게 받을 수 있는 도움을 못 보게 되는 거죠. 그래서 '나의 라임 오렌지나무' 같은 따뜻한 책들을 많이 보며 진로를 준비하는 학생들이 내 주변의 사람들을 조금 더 바라보고 따뜻한 사회인이 되었으면 합니다.

미래사회를 준비하는 청소년들에게
전하고 싶은 메시지는?

많은 친구들이 미래사회에 자신의 진로에 대해 불안해하는 것 같아요. "미래사회에는 직업이 여섯 번 바뀔 것이다. 평생 공부를 해야 되는 사회가 될 것이다."라는 메시지들을 접하게 되면 더 그렇죠. 저는 아이들에게 덜 불안해해도 된다고 격려해 주고 싶어요.

저도 직업을 많이 바꿨고 직업을 바꾸면서 많은 도전과 고충이 있었지만, 그만큼 새롭게 얻는 즐거움도 많았고 제 인생을 다채롭게 살 수 있다는 점에 만족하고 있어요. 미래사회가 조금 불안정할지라도 삶을 누릴 수 있는 방법들은 다양하니까 변화를 즐길 수 있는 친구들이 되었으면 합니다.

어린 시절 음악을 접하기 어려운 환경 속에서도 꾸준히 음악에 대한 관심을 키워왔다. 분석하는 것을 좋아하고 논리적인 성향을 고려해 공학자라는 꿈을 정하고, 이에 음악을 접목시킬 수 있는 사운드 엔지니어, 뮤직 테크놀로지 분야로 구체적인 방향을 설정한 후 미국으로 유학을 가서 박사학위를 취득하였다. 이 기간에 인공지능을 접하게 되면서 음악에 인공지능을 활용하는 연구를 시작했다. 2년간 음악서비스 회사에서 근무하다가 한국으로 돌아와서 서울대학교 지능정보융합학과 교수로 활동하고 있으며, 2년간의 창업 구상 끝에 2020년 3월 (주)수퍼톤을 창업하였다. '음악 오디오 연구실'을 운영하며 음악과 기술이 집목되는 부분에서 여러 가지 현상들을 탐구하고 있으며, 소리로서 인간에게 가치를 제공해 주는 가장 즐거운 순간을 제공하는 서비스와 제품을 만들기 위해 노력하고 있다.

서울대학교 융합과학기술대학원
이교구 교수

현) 서울대학교 AI연구원 연구부장
현) 서울대학교 지능정보융합학과 교수/학과장
현) (주)수퍼톤 대표이사
• 미국 음악서비스 회사 Gracenote Inc. 선임연구원
• 스탠퍼드대 컴퓨터음악 및 음향학 박사
• 스탠퍼드대 전기공학 석사
• 뉴욕대 음악테크놀로지 석사
• 서울대학교 전기공학부 학사

인공지능전문가의 스케줄

이교구
교수의
하루

20:00 ~ 24:00
▶ 가족들과 함께하는 시간
▶ 업무 진행: 이메일 확인
   및 답장
▶ 음악감상, 독서, TV 시청
▶ 취침

06:30 ~ 08:00
▶ 기상 후 아침식사
▶ 출근 준비

17:00 ~ 20:00
▶ 퇴근 및 저녁식사

08:00 ~ 12:00
▶ 출근 후 스케줄 체크,
   메일 확인
▶ 개인 업무 집중
▶ 미팅, 인터뷰

13:00 ~ 17:00
▶ 대학교, 대학원 강의
▶ 연구 개발, 프로젝트 진행
▶ 업무 미팅, 회의

12:00 ~ 13:00
▶ 점심식사

음악과 공학, 두 마리 토끼를 잡다

▶ 1992년 3월 서울대학교 입학식에서
어머니와 함께

▶ 대학시절 친구들과 결성한
밴드 "미르"의 공연 장면

▶ 1994년 일본에서 개최한 국제로봇대회(ROBOCON)에서
한국대표팀 멤버로 참여

Question **초·중·고등학교 때는** 어떤 학생이었나요?

저는 어렸을 때부터 음악을 좋아했어요. 지방의 섬에서 자라며 음악을 접할 수 있는 환경이 좋지는 않았지만, 라디오에서 들리는 영어 노래를 알파벳도 모르는데 한글로 적어서 따라 부르고 그랬던 기억이 나네요. 초등학교 5~6학년 때 라디오를 많이 들으면서 해외 팝 음악에 눈을 떴고, 중학교에 입학하면서 아버지께서 영국의 Wham!, 미국의 마돈나 음반을 사주셔서 그때부터 본격적으로 팝에 관심을 갖게 되었어요. 일어나서 잠들 때까지 자주 음악을 듣곤 했죠. 고등학교에서는 좀 더 나아가 다양한 음악을 들으면서 밴드 활동을 했고, 대학에서도 친구들과 밴드를 만들고 소극장을 빌려서 공연을 했어요.

Question **어린 시절의 성격과** 관심 있었던 분야는 무엇인가요?

어렸을 때는 호기심 많고 관찰하고 분석하는 걸 좋아해서 어른들이 장래희망을 물어보면 과학자가 될 거라고 했어요.

고등학교 시절 입시를 준비할 때에는 분석하고 논리적으로 생각하는 걸 좋아하는 제 성향을 바탕으로 공학자, 그중에서도 전기전자공학자가 되어야겠다고 생각했죠. 그래도 음악이 관계되면 좋겠다고 생각해서 공학과 음악의 접점이 뭐가 있을까 고민하다가 음반 제작 과정에 관심을 가지게 되었어요. 당시에는 CD, LP, 카세트 테이프가 나오던 시기였는데, 연주부터 녹음까지 우리가 듣기 좋은 스테레오 포맷을 제작하는 과정과 여기에 사운드 엔지니어, 오디오 엔지니어의 개입에 따라 음악의 퀄리티가 달라지는 걸 알게 되고 이 분야를 더 공부해보기 위해 유학을 가게 되었습니다. 컴퓨터로 소리를 분석하고 음악을 만드는 게 신기해서 박사학위까지 취득하고 지금 여기까지 오게 되었습니다.

저도 10대인 두 아들이 있는데요. 저희 때와 지금은 학교 환경과 사회 분위기 등이 굉장히 다르고, 뭐든지 할 수 있는 우리 아이들이지만 현실적인 부분을 생각하지 않을 수 없더라고요.

저는 어렸을 때부터 일의 우선순위와 시간관리가 중요하다고 생각해요. 다양한 디지털 매체들과 스마트 기기들이 사람의 시간을 자기도 모르는 사이에 뺏어가거든요. 수동적으로 말초적인 것만 자극하다 보면 시간은 금세 지나가고 스스로 생각할 시간은 거의 없는 거죠. 저는 그래서 항상 책을 읽으라고 강조해요. 책은 읽다가 멈추고 생각하고 스스로 이해하고 자기 나름대로 해석할 기회를 주니까요. 아울러 학업, 취미활동, 운동, 게임, 독서 등 일의 우선순위와 중요도를 스스로 파악할 수 있어야 해요.

그리고 10대에 꿈이 명확하지 않더라도 자기가 좋아하는 것을 열심히 관찰하고 공부하는 것은 좋은데, 기본적인 학업도 게을리 하지는 않았으면 좋겠어요. 공부라는 건 사회와 환경에 따라서 다를 수밖에 없지만, 자기가 하고 싶은 일이 나중에 본인의 직업이 될 텐데 대부분의 일이 중고등학교 때 배웠던 것들이 바탕이 되고 기본 소양을 만들어주는 건 분명한 것 같아요. 공부를 열심히 하면 그만큼 내가 할 수 있는 게 많아지고 기회를 넓히는데 큰 도움이 된답니다.

Question 대학생활에서 중요하다고 생각하는 것은 무엇인가요?

대학에 입학하는 순간 무한한 자유가 주어져요. 무한한 자유, 시간, 독립성이 갑자기 주어지기 때문에 그때가 가장 중요한 분기점이 되고, 본인의 시간 관리를 효율적으로 하는 게 더욱 중요해요. 기본적으로 대학에 들어와서 발전되고 전문화된 공부를 하는 거니까요. 가능한 많은 경험을 하는 것이 좋을 것 같습니다.

Question 어떻게 진로를 결정하게 되셨나요?

대학교 3학년이 되면서 진로를 결정해야 할 시기가 왔죠. 어렸을 때부터 소리로 신호처리를 하는 공학이나 엔지니어링 분야에 관심이 많았고, 이 분야가 제가 제일 좋아하는 취미활동인 음악과 연결이 되면 좋겠다고 생각했어요. 그래서 사운드 엔지니어, 오디오 엔지니어를 생각하고 깊이 있게 공부와 연구를 했어요. 좀 더 체계적이고 선진화된 곳에서 배우고 싶어 미국 유학을 결심했습니다.

지금 와서 돌이켜보면 유학을 생각하기 전에 저널에 쓴 '향후 진로와 계획'이라는 글을 보면 대기업에 입사하여 실무 지식과 경험을 쌓은 후에 사업을 한다고 썼습니다. 교수가 되겠다는 생각은 전혀 안했어요. 몇 년 정도 경험을 쌓고 창업을 한다는 내용인데, 대기업이 안정적이고 좋지만 재미없고 평범한 삶이라고 생각해서 하고 싶은 걸 직접 할 수 있는 길을 택하고 싶었어요. 그렇게 지금은 수퍼톤을 창업해서 그 길을 가고 있답니다.

Question 한국으로는 어떻게 돌아오시게 되었나요?

유학 당시 미국에서 박사 학위를 받고 현지 음악서비스 회사에서 2년 동안 근무를 했어요. 이전부터 국내에 돌아올 생각이 있었고, 박사 학위를 하면서부터 연구가 재미있어서 한국에서도 연구를 계속 할 수 있는 학교를 계속 알아봤어요. 이후 좋은 기회가 생겨서 한국에 돌아오게 되었고, 연구대상을 음악으로 해서 연구계획서를 쓰며 하고 싶은 연구를 할 수 있게 돼서 굉장히 만족했답니다. 대학연구실이 서울대학교처럼 연구 중심 대학은 굉장히 앞선 연구를 하거든요. 이런 연구를 통해 기술적으로 상당히 좋은 위치에 있었고 이를 상용화하기 위해 창업을 하게 되었죠.

Question 인공지능전문가가 되기로 결심한 이유가 있나요?

저는 어떤 특정 계기가 있었다기보다는 자연스럽게 인공지능전문가가 되었어요.

제가 박사학위 공부를 할 때 소리를 분석하면서 신호처리라는 분야를 공부했는데 이때 인공지능 관련 수업을 듣기도 했었어요. 이전 방식이 사람이 만든 룰과 데이터를 통해 답을 내는 거였다면, 데이터를 기반으로 하는 기계학습은 데이터와 답을 통해 룰을 만들어 냅니다. 이렇게 사람과 배우는 방식이 비슷한 기계학습에 많은 흥미를 느꼈어요. 또, 학위 논문으로 오디오로부터 기계학습 알고리즘을 써서 음악의 조, 장르, 코드를 맞추는 걸 했었어요. 이 역시 음악 훈련을 받은 사람들은 음악을 듣기만 해도 알 수 있는데, 컴퓨터 알고리즘이 사람처럼 학습해서 어떤 일을 수행할 수 있다는 것이 아주 매력적으로 다가왔습니다. 이때부터 인공지능 특히 기계학습에 대해서 많은 공부와 연구를 했습니다. 교수로 학교에 온 후, 이를 활용해서 많은 작업을 했죠. 최근에는 딥 러닝이 나오면서 음성, 음악 등 소리와 청각인지에 관련된 여러 분야에 활용하고 있습니다.

CEO 겸
교수의
길을 가다

▶ 서울대학교 부임후 설립한 음악오디오연구실
(Music and Audio Research Group; MARG)의
밴드명인 MARGERita

▶ 2002년 뉴욕대 졸업식에서 아내와 함께

▶ 연구실 밴드 마거리타의 2018년 송년회 공연

Question **교수와 CEO 두 직업을 병행하게 된 이유는 무엇인가요?**

학교에서는 학생과 연구원들이 교육과 훈련을 받은 후 사회로 진출해서 제품이나 서비스를 생산한다는 점에서 사회에 도움을 줄 수 있고, 회사에서는 이 분야에 관심이 있고 꿈을 가지고 있는 사람들에게 직업의 기회를 제공할 수 있어요. 사회적으로는 제 꿈이지만 글로벌 경쟁력이 있는 회사가 되어 사회에 기여하고 싶습니다. 특히 음악과 공학이라는 두 가지 관심을 가지고 있는 수많은 사람들이 "덕업일치"를 느낄 수 있는 그런 회사가 되었으면 합니다.

Question **대학원과 회사에서 AI 기술을 연구, 개발을 하며 기억에 남는 에피소드가 있나요?**

가창합성(AI singing voice synthesis)에 대한 에피소드가 가장 기억에 남아요. 가창합성은 멜로디와 가사를 입력하고 원하는 가수의 목소리를 넣으면 AI가 그 가수의 창법과 음색으로 노래를 바꾸는 기술이에요. 이 연구로 2019년 가을 오스트리아 그라츠(Austria Graz)에서 열렸던 국제음성학회(INTERSPEECH 2019)에서 "Adversarially Trained End-to-end Korean Singing Voice Synthesis System"이라는 주제로 최우수 논문상을 수상했습니다. 이 학회에서 논문을 발표한 후 인공지능 가수로 가장 유명하고 상업적으로 성공한 일본 야마하 사의 보컬로이드를 개발한 팀에서 궁금한 점들을 묻기도 했습니다. 이것이 수퍼톤의 아이템 중에 하나이고 그 일로 여러 가지가 이루어졌죠. 재미도 있고 관심이 많아서 기사도 많이 나오고 했었습니다.

Question 대학원, 회사에서 어떤 일을 하고 있나요?

학교에서는 '음악 오디오 연구실'을 운영하며 학생과 연구원들을 양성하고 있어요. ㈜수퍼톤은 연구실 창업으로 기술 창업이에요. 해당 기술에 대한 방향을 설정하고 시장 현황과 미래에 어떻게 나아갈지를 구상하고 대표로서 직원들이 마음 놓고 일과 연구를 할 수 있게 자금유치, 홍보, 투자유치에 많은 신경을 쓰고 있습니다.

Question 현 분야에서 일하게 되신 후 맡은 첫 업무는 무엇인가요?

음악신호로부터 음악적 속성을 추출하는 학위 논문을 작성한 후, 미국에 있는 회사에 입사하였어요. 당시만 해도 음악을 들으려면 가수의 이름이나 장르, 곡을 알고 있어야 했는데, 이 회사는 음악이 주어지면 새로운 음악을 추천해주고 검색할 수 있는 기술을 개발했죠. 저의 첫 업무는 이 회사의 미디어 기술 연구소에서 음악의 무드를 기반으로 추천을 해주는 시스템의 알고리즘을 만드는 것이었어요. 신나는 음악, 슬픈 음악 등 무드 종류만 해도 100개가 넘었는데, 음악에서 무드를 유추하는 걸 인공지능으로 한 거죠.

관심을 가지고 계신 프로젝트가 있으신가요?

저는 원초적이고 근본적인 연구로 청각을 연구하며, 귀가 소리를 듣고 뇌에서 판단하는 과정에 관심이 있어요. 인공지능은 한번 훈련이 끝나고 나면 같은 입력에는 항상 같은 대답을 합니다. 하지만 인간의 뇌는 변조를 하거든요. 저는 그런 것들이 어떻게 이루어지는지를 알고 싶어요. 사람은 귀를 통해서 여러 가지 소리를 듣는데, 특정한 소리, 예를 들면 잡음이 많은 상황에서 사람의 목소리에만, 또는 여러 사람이 얘기할 때 특정 대상에게만 집중을 할 수가 있죠. 주의 집중 메커니즘이 있어서 귀로 들어오는 청각적 정보에 대한 변조를 하는 거죠.

아이들의 경우 스스로 탐색하면서 상호작용을 통해 많은 것을 배웁니다. 말하는 것이 대표적이죠. 아이들은 말을 글보다 훨씬 빠르게 배우잖아요. 가르쳐 주지 않아도 글을 읽기도 전에 귀를 통해 내가 뱉은 소리와 내 목소리를 자기가 듣고 주위 사람의 소리와 같은지를 계속 비교하는 청각적 피드백 메커니즘이 있어서 가능하거든요. 이런 것들이 인공지능 모델링을 통해서 가능한지에 관심이 있고, 만약 이것이 가능하다면 청각장애나 발달장애가 있는 아이들도 인공지능 에이전트를 통해서 도울 수 있다고 생각합니다.

Question

AI 전문가, 회사 CEO로서의 비전과
이를 위해 노력하는 점이 있나요?

학교에서는 연구하는 분야에서 사람이 듣고 인지하고 판단하는 동작원리를 좀 더 근본적인 부분에서 의미 있는 연구를 계속 하고 싶고, 청각적으로 문제가 있는 분들에게 도움이 되도록 발전이 되었으면 좋겠습니다. 이 기술이 청력손실이나 청력장애에 도움이 된다면 더욱 좋고요.

회사에서는 모든 사람들이 콘텐츠 크리에이터나 창작자가 될 수 있도록 다양한 것들을 하고 있는데요, 계획한 대로 잘 돼서 창작의 저변이 확대되고 많은 사람들이 참여해서 음악과 관련된 생산과 소비가 다양해지고 생태계가 풍성해지는 것을 기대하고 있습니다.

Question ## 교수님의 삶의 가치관이나 좌우명은 무엇인가요?

10대들이 봐도 좋은 영화 '죽은 시인의 사회'에 나오는 '까르페디엠'을 좋아하는데요. 영어로는 'Seize the day(현재를 잡아라)'이고 '현재를 즐겨라, 지금 이 순간을 최대한 활용하고 즐겨라'라는 의미인데요, 시간관리와도 맥락이 닿아 있어요. 수동적으로 나에게 떠먹여 주는 것에 의존을 할 것인지, 내가 적극적으로 이 순간을 장악하고 지배할 것인지를 얘기한 거죠. 저는 가능하면 시간을 외부 요인에 의해 장악되는 것을 막고, 자기 스스로 능동적으로 지배해야 한다고 생각합니다.

교수님의 시간과 건강관리 노하우는 무엇인가요?

저는 교수와 대표이사라는 두 가지 일을 병행하고 있는데요, 모든 일에는 시간관리가 꼭 필요하다고 생각해요. 누구에게나 공평하게 하루는 24시간이고 시간 관리를 어떻게 하느냐에 따라 결과가 달라지는 거죠. 저는 틈틈이 자투리 시간을 활용하려고 해요. 저는 올해 3월에 (주)수퍼톤이라는 회사를 창업하고 대표를 맡고 있습니다. 작년에 학교에서 창업승인을 받았고. 연구와 교육에 큰 방해가 되면 안 되기 때문에 외부활동을 하는 시간을 20% 이하로 정해서 일주일에 하루를 회사로 출근하고 있습니다. 저녁이나 주말에는 틈틈이 회사 일을 하고 있고요.

건강관리는 특별히 하는 건 없지만 산책이나 농구를 아이들과 종종 하고 있고, 정기적으로 건강 검진을 받으려고 노력하고 있어요.

Question **교수님은 어떤 사람인가요?**

저는 사람들을 만나는 것도 좋아하고 식사 하고 이야기 나누는 걸 좋아해요. 유머감각도 있고 다른 사람들을 편하게 해주는 느낌이라 사람들이 같이 있고 싶어 하는 사람인 것 같아요. 가족, 친구들과 여행도 자주 가려고 하고요.

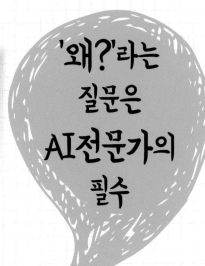
'왜?'라는 질문은 AI전문가의 필수

▶ 2017년 음악오디오연구실 허훈학생의 박사학위 논문심사.
▶ 허훈박사는 졸업 후 삼성전자에서 책임연구원으로 재직중 2020년 3월 (주)수퍼톤의 CTO로 새로운 도전을 시작했다.

▶ 2007년 스탠퍼드대 재학시 두아들과 함께 캠퍼스 잔디밭에서

▶ LG트윈스의 팬으로서 둘째 아들과 함께 잠실 야구경기장에서

교수님께서는 과학에 대해 어떻게 생각하나요?

　저는 기본적으로 과학의 힘을 굉장히 믿어요. 과학기술의 발전이 인류의 발전에 어마어마하게 공헌을 하였고, 저는 세상과 사회와 인류에 과학기술이 공헌하는 걸 믿기 때문에 현재의 위치에 있습니다.

　미국에 유학을 다녀와 보니 미국은 과학관이 굉장히 많이 있고, 누구에게나 개방해서 아이들의 호기심을 자극하고 이게 좋은 경험이 되서 진로를 택하도록 도움을 주더라고요. 제가 이상적으로 꿈꾸던 것이 이런 과학의 대중화이기 때문에 강연 요청이 오면 대부분 수용했었어요. 만약 제가 사업을 해서 성공을 한다면 아이들을 위한 과학도서관, 박물관, 체험관을 만들고 접근성을 높여 활성화시켜보자는 생각도 가지고 있습니다. 이 분야에 뛰어난 아이들이 기회가 없어서 포기하면 아쉬우니까요.

추천하고 싶은 책이 있다면 무엇인가요?

　정신과 의사이고 음악에도 조예가 깊으신 올리버 색스의 '뮤지코필리아(뇌와 음악에 관한 이야기)'를 추천합니다. 음악에 대해 병적일 만큼의 애착과 좋은 감정을 가지고 있다는 의미의 책인데요, 저자가 정신과 의사로서 많은 환자를 상대 하면서 나오는 음악과 관련된 재미있는 내용들을 볼 수 있습니다. 감각기관을 통해 외부세계를 관찰하고 정보를 얻지만 결국 해석하는 건 뇌잖아요. 청각과 음악에 대해 뇌에서 어떤 일들이 일어나는지 환자를 통해 일어나는 에피소드를 다루고 있어요. 음악을 배운 적도 없고 음악 관련된 활동을 전혀 안하는 사람이 번개를 맞고 난 뒤에 쇼팽의 음악에 전문가가 된 에피소드도 있답니다.

Question

지인 혹은 가족들에게 'AI 전문가'라는 직업을 추천하고 싶으신가요?

연령대에 따라 다를 것 같은데요, 10대라면 인공지능을 통해 풀려는 문제가 많기 때문에 추천하고 싶어요. 앞으로 몇 년 후에는 10대가 사회에 진출할 것이고 그때까지도 인공지능의 전망은 좋거든요. 수학이나 논리를 좋아하는 사람들이라면 인공지능에 도전해 볼 수 있을거라고 생각합니다.

Question

한 분야의 전문가로서 전문성을 쌓기 위한 노력이 있다면 무엇인가요?

어느 분야건 학문하는 사람은 항상 호기심이 많아야 한다고 생각해요. 눈이나 귀, 자신의 경험을 가지고 주위를 관찰할 때, 호기심을 가지고 관찰하는 사람과 그렇지 않은 사람과는 차이가 있습니다. 똑같은 상황에서도 호기심이 많고 항상 주의를 기울이는 사람은 '왜'라는 생각을 잘 하게 되잖아요. 같은 음악을 들어도 '난 왜 여기서 심장이 쫄깃하지? 다른 사람도 그런가?' 이런 게 있어야 문제의식을 갖게 되고, 나 같은 궁금증을 가지고 있는 사람이 또 있는지 찾아보게 되고 앞서가게 되는 거죠. 선배들의 연구를 찾아보며 깨닫고 나는 어떻게 더 기여를 할 수 있을까 하는 게 연구의 시작인 것 같아요. 한 분야에 전문가라면 그 분야에 관심이 많아야 하고, 다른 분야와 융합을 하려면 다른 대상도 알아야 하기 때문에 많은 노력과 힘이 들어가게 됩니다. 항상 관찰을 깊게 하고 호기심을 가지는 게 중요해요.

인공지능은 세상을 어떻게 변화 시킬까요?

지금도 일단 굉장히 많이 변화시켰죠. 저희가 일상적으로 사용하는 프로그램, 앱 등이 있고요. 앞으로는 사람이 하는 단순작업을 인공지능이 대신하면서 편리한 세상을 만들 거라고 생각해요. Input대비 Output이 정해져 있는 관계라면 인공지능이 더 정확하고 효율적으로 할 수 있을 것 같아요.

하지만 우려되는 점들도 많죠. 직업이 없어지고 사람이 할 수 있는 것들이 사라지는 걸 많이 예상하는데요, 그래서 이 부분이 같이 논의되어야 하는 것들이고 지금도 이러한 노력을 하고 있죠. 인공지능 법학센터도 있고 인공지능을 윤리적으로 어떻게 바라봐야 할 건지도 논의가 필요합니다. 대신, 많은 업무들이 바뀌면서 단순업무 외에 다른 것들이 생길 것이라고 예상돼요. 사람들이 단순 업무에 시간을 덜 투자하면서 잉여 시간과 마인드를 다른 곳에 투자해서 가치와 부를 창출하고 더 재미있는 서비스, 제품, 직업이 생길 거라고 생각해요.

음악 창작에도 인공지능이 많이 활용되고 실제로 서비스까지 나왔는데요, 2016년에 룩셈부르크의 한 회사에서 생긴 아이바(Artificial Intelligence Virtual Artists·AIVA)는 앨범도 내고 이걸 사람들이 구매하기도 했죠. 예술작품으로 평가를 해야 하는 건지에 대해 논란이 있었지만, 아이바는 프랑스 작곡가협회에 AI 작곡가로 등록이 되어 있어요. 가까운 미래에는 빌보드 차트에 인공지능이 만든 노래가 나오거나 오디션 프로그램에 심사위원으로 앉아 있을 수도 있다고 생각합니다.

우리 아이들은 어떤 역량을 어떻게 키워야 할까요?

직업의 종류와 관계없이 일반적으로 말씀 드리면 호기심을 계속 가졌으면 좋겠어요. 그러기 위해서는 주변을 주의 깊게 바라봐야겠죠. 관찰을 깊게 하다보면 자연스럽게 '왜'라는 질문이 생기 마련이죠. 또, 하나를 붙잡고 오래 있는 끈기, 쉽게 포기하지 않는 인내심도 중요하고, 경청하는 습관이 필요합니다. 세상을 혼자서 살 수 없으니까요. 여러 사람과 소통을 할 때 듣는 게 굉장히 중요하다는 걸 계속 느끼는데요, 깊게 듣는 것만으로 상대방이 대하는 게 달라지기 때문에 경청이 중요하다고 생각합니다. 학문을 할 때도 상당히 필요하고요. 서로 다른 분야를 말할 때 자기 목소리만 내지 말고 들어야 합니다.

Question ‘AI 전문가’를 꿈꾸는 청소년들에게 해주실 말씀이 있다면?

AI전문가라고 하면 보통 알고리즘, 기계학습, 컴퓨터 사이언스 쪽을 생각할 것 같은데요. 저는 이거 못지않게 중요한 게 실제 사람이 어떻게 동작하는지 사람 뇌를 먼저 알아야 한다고 생각해요. 그래서 뇌과학, 인지과학, 심리학을 공부를 해보라고 말씀 드리고 싶어요. 완전히 전문서적이 아니더라도요. 알파고로 유명한 구글 딥마인드의 설립자 Demis Hassabis와 정재승 교수님도 뇌과학자였습니다. 즉 인공지능전문가에게는 뇌의 원리를 아는 것이 필요합니다. 더 큰 그림을 보려면 뇌과학도 같이 하는 게 좋을 거라고 생각해요.

Question 인간만이 가진 인간다움은 무엇일까요?

여러 가지가 있을 것 같아요. 인공지능이 자의식을 가지고 있는지, 어디까지 배울 수 있는지, 호기심을 가질 수 있는지, 왜 라는 물음을 할 수 있는지, 창의력을 가질 수 있는지, 흉내 내는 것이 아닌 완전히 새로운 것을 만들어 내는 창작을 할 수 있는지를 생각해 보면 지능은 인간의 일부라고 생각해요. 지능을 Intelligence로 한정 한다면 이 외에 인간이 가진 인간다움은 이루 말할 수 없죠.

어린 시절부터 전자회로에 대한 관심이 많아 세운상가를 누비며 전기전자기기 조립에 매달리던 소년은 컴퓨터 프로그램을 접하면서 연세대학교 전자과에 진학하였다. 컴퓨터를 통해 널리 인간을 이롭게 하겠다는 신념을 가지고 선망의 대상이었던 한국IBM연구소에 입사하였다. 1991년 한국 IBM연구소의 개발자로 시작해 컨설턴트, 데이터 분석가, 아키텍트, CTO, 연구소장으로 근무하고 있다.

KLAB연구소에선 새로 나온 기술을 선도적으로 연구, 개발, 활용하는 퍼스트 프로젝트를 진행하고 있으며, AI 솔루션 아키텍트로 활동하며 어떤 솔루션과 알고리즘을 통해 고객에게 필요한 것을 제공할지를 결정하는 역할을 맡고 있다. 연구소의 개발자로 시작해 조직을 이끌어 나가는 연구소장으로 혁신과 도전에 앞장서고 있다.

한국 IBM (KLAB소장)
이형기 상무

현) 한국 IBM 상무(KLAB소장)
- 연세대 공학대학원 전산학 석사
- 한국 IBM 연구소 1기 개발자
- 연세대학교 전산과학과 1기

인공지능전문가의 스케줄

이형기
상무의
하루

~ 07:00
▶ 기상

23:00 ~
▶ 취침

07:00 ~ 09:00
▶ 아침식사
▶ 일정 확인
▶ 근무 준비

18:00 ~ 23:00
▶ 가족들과 함께하는 시간
▶ 퇴근 및 저녁식사
▶ 걷기, 운동
▶ 음악감상

12:00 ~ 18:00
▶ 점심 식사
▶ 연구소 업무, 업무 미팅
▶ 고객사 미팅, 솔루션 제안
▶ 프로젝트 총괄, 전문가 협업

09:00 ~ 12:00
▶ **재택근무 시**
  온라인 업무, 미팅 확인,
  비디오 컨퍼런스
▶ **출근 시**
  고객사 미팅, 일정 조율,
  업무 회의

'홍익인간'을
가슴에 품다

▶ 초등학교 학우들과 춘천 시골 소풍

▶ 초등학교 시절 가족과 함께 서울 대공원 나들이

▶ 춘천 중학교 졸업식

학창시절 어떤 학생이었나요?

학창시절에는 조용하고 잘 나서지 않는 성격이었어요. 깊이 생각하는 걸 좋아하고 전자회로에 관심이 많았죠. 초등학교 때 과학키트를 조립하면서 전기회로에 대해 관심을 가지기 시작했어요. 전기회로를 조립해서 불이 들어왔을 때 정말 놀라워했던 기억이 나네요.

중학교 때부터는 전자회로 중에 오디오, 턴테이블, 전축, 앰프, 스피커의 회로를 만드는데 관심이 많았어요. 강원도 춘천에 살면서 기차를 타고 서울 종로의 세운상가에 가서 조립을 할 만큼 전기전자에 대한 관심을 꾸준히 키워나갔죠. 컴퓨터 프로그램이 나오고 이를 접하면서 자연스레 대학 전공으로 전산과를 지원하게 되었고, 연세대학교 전산과 1기로 입학해 대학에서 전산을 처음 시작하게 되었어요. 컴퓨터 사이언스를 하며 프로그래밍 하는 것을 즐겼어요.

Question **10대 학생들에게 해주고 싶은 조언이 있나요?**

관심과 흥미 있는 분야의 전공을 선택했으면 좋겠어요. 그렇지 않으면 불행할 것 같거든요. 이러한 관심사는 친구, 선배, 가족의 영향을 받게 되는데요, 저도 오디오 쪽에 관심이 많은 친구와 용산전자상가를 자주 들렀던 기억이 나네요. 이렇게 어렸을 때부터 취미가 있는 분야는 자연스레 파고들게 되더라고요. 여러분도 자신에게 어떤 분야가 맞는지 잘 생각하고 학과를 선택하는데 도움이 되는 책과 대중매체를 보며 꿈을 키워나가길 바랍니다.

Question 대학 생활을 하면서 중요시 여긴 것은 무엇인가요?

컴퓨터 프로그램을 개발해서 히트 상품을 내는 것에 관심이 많았습니다. 실생활을 편리하고 간편하게 만드는 아이디어를 실현하는 것이죠. 늘 머릿속에 그런 생각이 있었습니다. 관련해서 해외 프로그램도 관심을 가지고 모니터링 했죠.

Question 한국 IBM에는 어떻게 입사하게 되었나요?

컴퓨터를 전공한 저에게 IBM은 대학 때부터 선망의 대상이었어요. 청렴한 기업이미지와 함께 IBM컴퓨터는 전 세계의 다양한 분야에서 사용되고 있었거든요. 대학에 다니면서 한국IBM의 채용 공고를 꾸준히 찾아보았지만 안타깝게도 개발자를 모집하지는 않아서 지원할 수가 없었어요.

대학 졸업 후 군대를 다녀온 뒤 다른 회사에 합격을 하였는데, 마침 한국 IBM에서 연구소 설립과 개발자 모집 공고가 나와서 지원을 했습니다. 예고도 없이 찾아온 기회를 잡기 위해 먼저 합격한 회사의 높은 연봉도 뒤로 하고 도전한 결과, 한국IBM에 1기 개발자로 입사할 수 있었어요.

컴퓨터 프로그램에 대해 관심이 많았던 저는 컴퓨터를 배워서 이를 통해 널리 인간을 이롭게 하자는 '홍익인간'의 신념을 가지고 있었어요. IBM의 '회사와 전 세계를 위한 솔루션을 만드는 기업을 위한 기업'이라는 경영이념도 저의 신념과 잘 맞았죠. 저는 현재 고객기업들의 고객을 위한 솔루션, 특수한 맞춤 솔루션을 위해 인공지능 맞춤 서비스에 초점을 맞추고 있습니다.

직장인이 되기 전까지 특별한 경험이 있었나요?

대학을 졸업하고 해군장교로 군 입대를 했습니다. 평소 관심이 있던 기술병과에서 복무하며 군대에 있는 펀치 카드와 OMR 카드로 성적을 처리하는 시스템을 개발했던 기억이 나네요. 상부에 성적처리 자동화시스템을 만들어도 되는지 제안해서 허락을 받고 발품을 팔아 기계를 구입해 만들었죠. 포상도 받고 전역 후에도 OMR카드 제작시스템에 대한 어드바이스를 꽤 오랫동안 해드렸던 경험이 있었네요.

Question

인공지능전문가로 입문하기 위해서
무엇을 준비해야 할까요?

인공지능을 다루기 위해서는 파이썬 등의 프로그래밍 언어를 알아야 하고 코딩을 잘해야 합니다. 코딩은 인공지능뿐만 아니라 클라우드에도 필요합니다. 지금은 클라우드 세상이죠. 비용만 지불하면 웹 브라우저로 컴퓨팅 파워에 접근할 수 있습니다. 잠시 빌려 쓰듯이 말이죠. 이전에 비해 상대적으로 프로그래밍을 할 수 있는 기회도 많아졌고 AI 분야에 진입하기도 쉬워진 것 같습니다. 관심과 적성만 맞으면 공부하기에는 최적의 환경이죠. 그리고 통계학을 공부해야 해요. 프로그래밍과 데이터에 대한 기본적인 이해도 필요하고요.

세계적 기업, IBM에 입사하다

▶ 춘천 고향 친구들과의 강원도 등산 여행

▶ 해군 수병들과 크리스마스 파티

▶ 대학원 졸업식

▶ 해군 구축함 전자관 근무

Question 어떤 인공지능을 다루고 계시나요?

저희 IBM에서 다루는 인공지능은 여러 종류가 있습니다. 글자를 이해하는 인공지능, 말소리를 이해하는 인공지능, 이미지를 인식하는 인공지능 등 사람이 눈, 입, 귀로 하는 걸 대신하는 인지컴퓨팅이 있고 말하는 것을 음성으로 내보내는 발화 인공지능도 있습니다. 또한 센서 데이터라고 하는 수치 데이터를 통해 돈을 계산하거나 경로를 추적하는 등 숫자를 가지고 파생 추론과 예측을 하는 인공지능 등 응용분야가 무궁무진하죠.

최근에는 날씨 데이터를 가지고 예측한 날씨 데이터를 기반으로 날씨의 변화에 따라 제품이 얼마나 팔리는지 등에 대한 솔루션 아키텍트를 하고 있어요. 어떤 알고리즘으로 어떻게 접근을 해서 어떤 과정을 거쳐서 인공지능 솔루션을 만들어야겠다는 계획을 세우고, 이를 구현하고 검증해서 고객에게 제공하는 일을 주로 하고 있죠.

Question 큰 변화를 안겨다 준 경험이 있었나요?

저는 일이 좋고 재미있어서 거의 모든 시간을 일을 하며 보냈어요. 늦은 시간에도 주말에도 출근해서 일을 하다 보니 건강을 돌보지 못했습니다. 그러다가 15년 전쯤 급성 장염을 비롯해 건강이 안 좋아지게 되었어요. 일을 워낙 좋아해서 마무리가 될 때까지 신경 쓰고, 아이디어를 확인하고, 일을 벌려놓다 보니 몸이 망가진 거였죠. 이때 일과 라이프를 구분해 두자고 결심하였습니다.

내 건강은 스스로 관리하는 것이 중요하다고 느꼈고 운동으로 일탈을 하였습니다. 평소의 생활에서 벗어나 시간을 정해놓고 산악자전거를 탔는데요, 자전거로 산에 오르는 기술을 배우며 인생의 가장 행복한 순간은 새로운 걸 배우는 순간이라는 걸 다시금 실감했습니다. 따분해지게 되면 새로운 것을 배워야겠다고 생각하게 되었죠.

인공지능을 할 때도 새로운 걸 한다는 점에서 즐거움을 느껴요. 프로그래밍을 하다가 데이터 쪽을 보면 또 재미있고 볼게 너무 많으니까요. IBM 안에도 인트라넷에 엄청나게 많은 정보들이 있습니다. 전 세계의 뛰어난 사람들이 올린 정보를 보다 보면 시간가는 줄도 모르죠. 여러분도 생전 안하던 것을 해보고 재미있는지 그렇지 않은지 테스트 해보세요. 재미있으면 취미가 있는 겁니다. 빠져들면 적성에 맞는 거고, 기회를 놓치지 말고 새로운 시도를 해보면 좋을 것 같아요.

Question   일과 삶의 균형을 어떻게 잘 잡고 있나요?

한국IBM은 유연근무제로 운영되어 출퇴근 시간이 자유롭고, 하루 스케줄을 확인해서 고객사로 가거나 재택근무를 할 수 있어요. 저는 유연근무제를 매우 잘 활용하고 있어요. 유연근무제는 업무상황에 따라 출퇴근 시간을 조정할 수 있고, 필요할 때에는 반차를 편하게 사용할 수 있으며, 야근이나 주말 근무 시 돌아오는 평일에 휴가를 사용할 수도 있어서 이를 이용해 컨디션 관리와 가족과 함께하는 시간을 가지고 있습니다.

Question   어떤 취미활동으로 스트레스를 해소하시나요?

전 음악과 오디오에 관심이 많아서 음악 감상을 하며 취미생활을 즐기고 있어요. 산악자전거는 7년 정도 탔고 최근에는 분당 산책로 걷기를 하며 건강을 관리하고 있습니다. 또, 가끔은 도시를 떠나 탁 트인 자연을 거닐며 자신에 집중할 수 있는 골프도 즐겨하고 있어요.

Question ## 회사에서는 주로 어떤 일을 하시나요?

회사에서는 주로 전문가들을 모아서 기술적 솔루션 및 고객 니즈(needs)를 협의하는 회의를 해요. 또, 고객사를 직접 만나 고객에게 솔루션을 제안해서 사업이 진행되면 프로젝트가 만들어지고 이를 위한 외부 미팅을 종종 하곤 해요.

Question ## 이 분야에서 일하게 된 후 맡은 첫 업무는 무엇인가요?

IBM에서 데이터 쪽으로 처음 맡은 업무는 2010년쯤에 '데이터 인포메이션 어젠다 타이거팀'의 인포메이션 어젠다 아키텍트인데요, 고객을 위한 정보 전략 컨설턴트였죠. 이 일을 하기 전 약 15년간 어플리케이션 개발자로 활동하다가, 새로운 변화를 주고 싶어서 인공지능 분야로 진출하게 되었어요.

2010년에 아시아퍼시픽 지역의 인포메이션 어젠다 아키텍트를 담당하면서 데이터의 중요성과 솔루션을 배우기 시작하였습니다. 어플리케이션 개발 기술과 데이터를 가지고 프로그램을 분석하였고, 이것이 인공지능으로 발전하는 타이밍이었죠. 이후 책에 있는 글귀처럼 문서화 되어있는 데이터를 이해하는 것이 인공지능의 핵심이라는 걸 이해했고, 비정형 텍스트 분석에 발을 디디면서 NLP(자연어)를 가지고 텍스트에 대한 이해를 시작하게 되었습니다. SNS와 모바일에 올라가는 글들의 무궁무진한 기회를 발견하고 인공지능 분야로 뛰어들게 되었죠. 그때쯤 AI 왓슨도 나오고 NLP와 자체적인 솔루션으로 응용분야를 개척하기 시작했어요.

예를 들면 웹이나 소셜 상에 있는 고객들의 취향, 트렌드, 선호도를 분석하는 소셜 데이터 분석이 있고, 금융 뉴스를 분석해서 그 안의 콘텐츠를 가지고 동향을 파악하고 의미를 이해해서 금융 상품의 추이나 경제 현황을 유추하는 비정형 데이터를 찾아내는 자동화 시스템도 있습니다. 또, 기업의 데이터베이스의 필드에 저장된 비정형 텍스트 정보 분석을 통한 정형 필드들과의 상관 분석 솔루션도 있고, 기업의 각종 보고서에 대한 분석 매칭 솔루션도 있습니다.

 **인공지능 기술을 연구하고 개발하면서**

기억에 남는 에피소드가 있다면요?

빅데이터 AI기술 초기에 국내 한 항공사와 진행한 예지 정비 프로젝트가 기억에 남습니다. 항공기 결함 기록의 센서데이터를 통해 결함의 원인을 학습하고 배워서 자동으로 고장을 탐지하는 기능에 대한 프로젝트였는데요, 실제로 데이터를 보니 항공사의 철저한 예방 정비로 인해 결함에 대한 기록, 즉 고장에 대한 데이터가 거의 없어서 기계학습 모델링에 실패했었어요. 고장이 발생한 직전의 상황을 학습시키는 기계학습 기반 솔루션에서는 데이터가 없으면 AI솔루션이 어렵다는 것을 깊이 깨닫는 계기가 됐죠.

대신 항공정비사들이 10여 년 동안 수기로 기록해 온 결함 및 정비에 관련된 데이터베이스를 찾게 되었어요. 이 데이터에 AI와 빅데이터 기술을 적용하면 효과가 있겠다는 판단 하에 자연어 처리 기술을 적용하고 데이터를 분석하였습니다. 그 결과 수천 명, 정비사들의 암묵지 같은 정비 지식들이 고스란히 드러났고, 모든 정비사들이 공유할 수 있는 지식 자산화 프로젝트를 세계 최초로 성공할 수 있었죠. 이 프로젝트는 라스베이거스에서 열린 IBM의 큰 행사에서 월드와이드 성공 사례로 항공사들을 상대로 발표도 했답니다. 이 경험을 통해 데이터와 품질이 AI에 상당히 중요한 요소임을 배울 수 있었죠.

Question **IBM에서 생각하는 인공지능이란?**

IBM이 생각하는 인공지능은 AI Infused Solution으로, 기존에 있는 IT 어플리케이션 시스템 안에 인공지능 모듈이 주입되어 들어가는 거예요. 기존에 있는 모든 업무 프로세스에서 AI 효과가 있는 곳에 AI를 집어넣는다는 의미입니다.

지금은 클라우드를 통해 방대한 자원을 쉽게 쓸 수 있게 되었고, 인공지능을 구동하기 위한 다양한 환경이 펼쳐져 있죠. 데이터가 발생하는 곳에서 데이터 이동 없이 실시간으로 데이터를 인공지능에 사용할 수 있는 에지 컴퓨팅(edge computing)과 같은 Anywhere AI도 우리 곁에 와있습니다. 이러한 환경에서 할 수 있는 게 무궁무진하기에 당분간은 계속 인공지능과 클라우드에 매진하고 싶어요.

AI로
이로운 세상을
만들 터

▶ AI가 바꾸는 교육의 미래 주제로 대학 세미나 강의

▶ 고객 세미나 발표

▶ 주말마다 일탈을 위해 즐기던 산악 자전거 라이딩

▶ 잦은 해외 출장 중에서 짬짬이 업무 수행

인공지능 솔루션 개발에 있어 중요한 것들은 무엇인가요?

인공지능 솔루션은 인공지능 알고리즘을 아주 깊이 있게 알기보단 레고블럭을 조립하듯 여러 알고리즘들을 조립해서 만들어 놓은 것이에요. 제일 중요한 것은 인공지능 솔루션으로 무엇을 할 것인지, 즉 어떤 데이터를 기반으로 어떤 결과가 나올 것인지를 파악하는 것이 중요하죠. 무엇보다 AI는 한방에 나오는 것이 아니기에 끊임없는 시도가 필요합니다. 또한 인공지능을 통한 솔루션 제공은 단순한 프로그램으로는 해결할 수 없기 때문에 인공지능 초년생들에게는 길을 잡아주는 리더가 필요하다고 생각해요.

인공지능은 알고리즘을 만드는 사람보다 인공지능을 사용하는 사람이 다수입니다. 그래서 사용하는 방법을 이해하고 적용하는 것이 중요합니다.

IBM에서 인공지능을 사용하는 방법은 어떤가요?

기업에서는 알고리즘을 만들기도 하지만 주로 오픈소스로 나온 것을 활용해요. IBM도 연구소 안에서 개발한 특별한 알고리즘도 있고, 오픈소스 알고리즘을 그대로 쓰거나 변형해서 사용하기도 해요. 우리가 시중에서 많이 접할 수 있는 인공지능 솔루션은 알고리즘이 어떤 때 활용될 수 있는지를 알고 고객의 니즈(needs)에 따라 알고리즘을 선택하는 단계를 거친 후, 데이터를 처리해 최종 출력을 만드는 과정을 거치게 됩니다.

Question

AI 전문가로서 전문성을 쌓기 위해 어떤 노력을 하시나요?

저는 IBM리서치 연구소나 다른 연구기관의 수많은 자료를 찾아서 보고, 온라인 북을 통해 책과 논문을 접하고 있습니다. 특히 온라인 북은 넓은 세계의 원서들을 바로 볼 수 있기 때문에 적극 추천합니다. 인공지능 기술의 빠른 변화와 새로운 연구 결과가 나오는 속도를 보았을 때, 번역과 국내 출판 과정에서 소요되는 시간을 고려하면 온라인 북으로 원서를 빠르고 정확하고 깊이 있게 보는 것은 큰 도움이 됩니다. 이렇게 독서와 리서치를 통해 공부하고 실력을 기르면 업무와 미팅에서 내가 사용하는 단어와 생각의 범위가 넓어진 것을 느끼게 됩니다. 성장하는 과정에서의 칭찬과 성취감은 계속 잘 하게 되는 원동력이 되고요.

Question

현재 인공지능의 개발 환경은 어떤가요?

대학교 때 인공지능을 배우기는 했으나, 현실적으로 컴퓨터 성능과 정확도가 낮아서 인공지능을 활용할 환경이 안 되었죠. 그러나 최근에는 클라우드 컴퓨팅과 컴퓨터 파워가 높아져서 며칠, 길게는 몇 달씩 걸리던 작업 시간이 단축될 수 있게 되었고, 이렇게 컴퓨팅 환경이 뒷받침 되면서 인공지능 기술 개발과 활용이 가능해졌습니다. 최근 10년 간 인공지능 관련 논문도 폭발적으로 늘어나고 있죠. 한국IBM 연구소는 새로운 분야와 처음 진출하는 솔루션들에 대해 관심을 가지고 연구, 개발을 하고 있는데요, 신규 기술로 인공지능이 떠오르면서 관심을 가지고 고객을 위해 할 수 있는 게 무엇이 있을지 사업의 관점으로 보게 되었습니다.

데이터는 최근 AI에서 주류를 이루는 기계학습방식에서 매우 중요한 역할을 합니다. 기계학습방식 AI는 '데이터 드리븐'입니다. 과거에는 데이터 값의 조건에 따라 해야 할 일을 일일이 사람이 입력해서 프로그래밍을 했다면, 기계학습 AI에서는 AI를 학습시킬 데이터만 잘 모아서 준비해 놓으면 자동으로 코드가 생성되도록 할 수 있어요. 사람이 하던 코딩을 데이터만 주면 알아서 해주는 코드제너레이터라고 볼 수 있죠.

인공지능은 사람이 놓칠 수 있는 경우의 수를 따져가며 수치적으로 함수를 만들어 놓기 때문에 사람이 직접 코딩을 하는 것에 비해 작업은 단순하고 기능은 막강해요. 그 대신 이러한 방식에서는 현실에서 발생하는 데이터와 AI 목적에 알맞은 학습 알고리즘을 선택하고, 선택한 알고리즘에 맞는 데이터 속성을 찾고, 현실에서 발생 가능한 수많은 데이터 속성값 조합을 대변할 수 있는 학습용 데이터 세트를 균형 있게 선별하는 작업이 매우 중요하죠. 이러한 작업을 효과적으로 하려면 무엇보다 데이터를 잘 알아야 하는 거죠.

Question 인공지능은 세상을 어떻게 변화시킬까요?

현재 인간이 하고 있는 단순반복적인 일들을 인공지능이 대신하게 되고 인간은 보다 창의적이고 혁신적인 일에 몰두하게 될 것입니다.

Question 추천하고 싶은 책이 있다면 무엇인가요?

톰 켈리, 조너던 리틀맨의 저서 '유쾌한 이노베이션'을 추천합니다. 제가 이전부터 관심이 많은 혁신에 대한 내용인데요, 이미 가지고 있는 것을 더 새롭게 만드는 방법을 다루고 있습니다. 책을 접하는 방법으로 전자책 아마존 '킨들' 온라인을 추천합니다. 킨들은 최신 기술과 관련된 자료, 책을 수시로 접하고 필요한 부분만 취득할 수 있어요. 저는 프로그래밍과 아키텍처를 계속 보고 있습니다.

Question 'AI 전문가'를 꿈꾸는 청소년들에게 해주실 말씀이 있다면?

끊임없는 노력과 지속적인 관심을 말씀드리고 싶습니다. 인공지능 기술을 통해 세상을 이롭게 하는 애정과 혁신을 위한 창의력도 중요합니다. 필요한 곳에 솔루션이 있다는 걸 인지하고 인류를 향한 측은지심과 이로운 마음을 가지길 바라요.

Question 우리 아이들은 어떤 역량을 어떻게 키워야 할까요?

호기심이 있어야 합니다. 끊임없이 나아질게 없는지를 찾는 거죠. 예를 들면 '이런 것도 될까?', '이런 것도 자동화가 될까?'와 같이 말이죠. 니즈(needs)가 필요를 만듭니다.

Question 인간만이 가진 인간다움은 무엇일까요?

인공지능이 그림을 그리고 작곡도 하는 시대입니다. 물론 진정으로 창의적인 것이라기보다는 마치 조립하듯이 비슷하게 하는 것이죠. 즉 인공지능의 창작물은 사람의 예술적인 혼으로 나온 작품이 아니에요. 저는 창작과 철학이 진정 인간의 아름다움이라고 생각합니다. 새롭고 창의적인 일에 인간의 역량이 필요하고요.

어린 시절, 공부도 잘하고 착실한 모범적인 학생이었다. 고등학교 2학년 때 사춘기로 인해 잠시 방황하여 재수를 하기도 했지만, 그 덕에 다양한 경험을 쌓았고 경북대학교 전자과에 진학하였다. 대학 졸업 후에는 한국과학기술원(KAIST)에서 대학원 시절을 보내고 석사학위를 취득했다. KT에 입사하여 근무하면서 카이스트에서 인공지능을 전공으로 박사학위를 취득했고, 그 후 KT에 인공지능 연구실을 만들었다. 연구원으로 출발해서 신사업개발, 마케팅/영업, 사업총괄, 대외협력 등 다양한 경험을 하고 부사장, 그룹사 대표이사 등을 역임하며 31년간 KT에서 근무하였다. 2014년부터 카이스트 전산학부 교수로 학생들을 가르쳤고, 현재는 인공지능연구원 원장으로 활동하고 있다.

인공지능연구원(AIRI)
김영환 원장

현) 인공지능연구원 원장
 　KAIST 겸직교수, (주)풀무원 사외이사,
 　학교법인 청원학원 이사
• KAIST 전산학부 교수
• KT 연구원, 부사장, 그룹사 사장
• KAIST 전산학과(석사, 박사)
• 경북대학교 전자공과(전산전공)

인공지능전문가의 스케줄

김영환
원장의
하루

23:00 ~
▶ 취침

~ 06:00
▶ 기상 후 간단한 마사지

18:00 ~ 23:00
▶ 퇴근 후 지인, 동료 약속
▶ 러닝, 웨이트 운동
▶ 귀가 및 가족들과
  함께하는 시간

06:00 ~ 09:00
▶ 신문 읽기
▶ 휘트니스 운동
▶ 출근 준비

12:00 ~ 18:00
▶ 점심 식사
▶ 업무 체크, 이슈 해결,
  업무 회의
▶ 외부 미팅, 외부 활동,
  전문가 협업

09:00 ~ 12:00
▶ 출근 후 간단한 아침식사
▶ 경제지, IT전문지 읽기
  (경제, 정치, 산업 동향 파악)
▶ 직원들과의 미팅, 회의

방황하며
성장하다

▶ 초등학교 시절 교내 최우수상 수상

▶ 초등학교 시절 부모님과 함께

▶ 대학시절 산악회 활동(설악산 암벽등반)

Question 초·중고등학생 때는 어떤 학생이었나요?

저는 2남 1녀 중에 막내인데요, 어릴 때부터 형이나 누나가 부모님께 걱정을 끼치면 어머니께서 속상해하고 안타까워하시는 모습을 보면서 부모님께 효도를 해야겠다고 생각하며 자랐어요. 고등학교 1학년 때까지는 규칙적인 생활을 하며 부모님 말씀을 잘 듣고 책도 많이 읽었어요. 공부를 잘 하는 모범생이어서 당시에도 명문인 경북고등학교에 입학하기도 했죠. 그러다 1학년 중간고사를 봤는데 우수한 친구들이 모여서 그런지 제 성적과 등수에 충격을 받았어요. 넓은 세상을 만나게 된 거죠.

Question 학창시절 방황했던 적은 없나요?

고등학교 2학년이 되면서 사춘기를 겪으며 부모님과 사회에 대한 반항과 학업을 등한시하는 등 방황을 했습니다. 그러다 보니 입시에 실패했고 인생의 첫 실패를 경험했죠. 재수를 하며 공부를 게을리 한 대신, 다양한 경험을 한 것이 제 인생에 도움이 되었던 것 같아요. 모범생으로만 살았다면 사람들과의 관계나 타인에 대한 이해가 부족했을 거라고 생각합니다. 실패를 통해 다시 일어서고 더욱 성장할 수 있었습니다.

10대 때 무엇을 잘 하는지 어떻게 알 수 있을까요?

대부분 사람들은 타고난 자기 재능을 20~30%도 제대로 못쓰고 죽는 것 같아요. 능력은 끄집어내는 것에 따라 얼마든지 키울 수 있습니다. 특출난 부분이 있고 그렇지 않은 부분도 있죠. 모든 것을 다 갖춘 사람은 없습니다. 능력과 재능은 사람마다 다르고 그걸 미리 파악하는 것이 쉽지 않아서 어릴 때부터 부모님이 지켜보면서 자녀가 무엇을 잘 하는지 파악하는 것도 중요한 것 같아요. 하지만 무엇보다 자기 스스로 다양한 경험을 폭넓게 해보는 게 필요합니다.

10대 시절을 토대로 학생들에게
해주고 싶은 말이 있다면요?

저는 한때 엘리트 의식이 있었습니다. 소수의 능력 있는 사람들이 다수를 끌어가야 한다고 생각했었죠. 하지만 사회생활을 하면서 그것이 잘못된 생각이었다는 걸 느꼈어요. 직장에서 보면 명문대 출신들이 임원이나 사장이 되는 경우도 있지만 반드시 그런 것은 아니고, 자신의 전문 분야에서 깊이는 있지만 폭이 좁은 사람이 그렇지 않은 사람과의 경쟁에서 뒤떨어진 경우도 많이 보았습니다. 지방에서 대학을 나왔지만 역량을 키우는 사람들도 많이 있죠. 어느 학교와 대학을 나온 지는 중요하지 않습니다. 사회생활을 통해 충분히 성장할 수 있으니까요.

저도 인공지능연구원에서 직원을 채용할 때, 처음에는 세계적으로 뛰어난 사람만을 뽑으려 했어요. 하지만 지금은 정말 인공지능에 열정을 가진 사람들, 사회에 도움이 되는 걸 개발하려는 의지가 있고 협력하는 사람들을 뽑습니다. 자신 있게 자신의 전문성을 펼치는 다양한 사람들이 와서 수평적으로 협력해 만들어 내는 것이 가치 있는 일이라고 생각합니다.

대학교 전공은 어떻게 선택하게 되셨나요?

항상 '내가 과연 무엇이 될 것인가?'에 대한 고민이 있었어요. 공부를 잘해서인지 부모님께서는 의사, 판검사, 고위 공직자가 되길 원하셨죠. 고등학교 때 이과를 선택하였는데요, 경제가 계속 성장해 나가던 당시, 전자산업, 제조, 수출의 비전이 큰 것을 보고 부모님께서 보내셨던 것 같아요. 의대를 목표로 입시 준비를 했지만 떨어지고 재수를 하며, 정상 궤도에서 이탈하는 것도 나쁘지 않다고 생각해 다양한 경험을 했습니다. 이후 부모님께 부담을 주지 않으려고 대구에 있는 국립대학인 경북대학교 전자과에 입학했습니다. 제가 하고 싶었던 건 아니었지만, 당시 특성화 학과였고 향후 전자산업이 크게 성장할 것으로 전망하였기 때문에 그런 선택을 했어요.

Question 대학시절 특별히 기억 남는 활동이나 사건이 있나요?

대학 때 했던 산악회 활동이 기억에 남습니다. 한국산악회 청년부 대장인 친구의 형을 통해 산악회를 활동을 시작하게 되었습니다. 그 이후 시간이 날 때마다 강한 훈련을 받으면서 전국의 암장을 오가며 전문 클라이밍에 전념하였습니다. 여름에는 거의 대부분의 시간을 설악산 등에서 훈련등반으로 보내며 공부는 등한시 할 수밖에 없었지만, 시험 때 집중적으로 공부해서 성적을 유지하곤 했어요. 그렇게 3학년까지 산에 다닌 게 이후의 사회생활에 큰 도움이 되었어요. 혹독한 훈련과 담력, 강인한 정신력과 인내심, 극한 상황에서 팀이 되어 느낄 수 있는 희생과 동료애를 배울 수 있었습니다. 극한 상황을 견뎌내는 능력이 중요하다고 생각해요.

Question 카이스트 입학하게 된 계기가 무엇인가요?

대학 3학년 때 군대를 가야 하는데 KAIST에 가면 병역이 면제되는 대신 국가를 위해 그 기간 동안 전문분야에서 근무를 하면 된다는 걸 알고 4학년이 되면서 KAIST 입학 공부를 시작했습니다. 그 당시만 해도 생긴 지 얼마 안 되었던 KAIST는 석박사 과정만 있었고, 학비는 전액 국비지원이었으며, 기숙사도 제공하고, 졸업하면 병역 면제 혜택도 있었어요. 학우들은 2학년부터 KAIST 입학을 위한 학습모임을 만들고 준비를 했는데, 저는 시작은 늦었지만 할 수 있다는 자긍심이 있었어요. 학교 도서관에 제일 먼저 가서 제일 늦게 오면서 열심히 공부한 결과 KAIST에 입학하였습니다.

Question 카이스트 졸업 후 어떤 일을 하셨나요?

KAIST에서 석사 졸업을 한 후, KT에 입사해 다니면서 86년부터 90년까지 회사에서 교육 파견을 시켜주어서 KAIST에서 인공지능으로 박사학위를 취득했습니다. 이후 인공지능, 소프트웨어, 인터넷 연구를 총괄하다가 사업을 직접 하는 매니저, 경영자가 되었고요. 신규 사업 기획과 마케팅, 전략 기획 등 다양한 업무를 거치며 31년 동안 재직했습니다.

▶ 경주 동아마라톤대회 참가

▶ 석사학위 졸업 사진

31년간
몸담은 KT와
이별

▶ 박사과정 때 영국 리버풀 대학 Roy Rada 교수 연구실에서

KT에 다니면서 가장 기억에 남는 일은 무엇인가요?

KT에서 최초로 박사학위 교육파견 직원으로 선발되어 1986년부터 KAIST 전산학과에서 지능형 정보 검색에 대해 연구를 했는데요, '사람들은 어떻게 지능적으로 검색을 할까?', '검색어를 매칭해서 유사한 것을 어떻게 찾아줄까?'를 주제로 연구하며 인공지능 박사학위를 취득하고 90년에 KT에 복귀해서 인공지능연구실을 만들었습니다.

연구실장으로 지능형 정보 검색시스템을 구현하는 연구를 했는데요, 그 당시 국내 최고의 인재들이 연구원으로 몰려들었죠. 서울대, 카이스트, 포항공대 출신을 연구원으로 선발하고 자연어 처리, 데이터베이스, 문헌정보학, 국문학 등의 다양한 전공의 교수들과 학제 간 융합연구 팀을 만들어 검색엔진을 개발했습니다. 그게 바로 '정보탐정'이라는 검색 엔진입니다. 이후 '한미르'를 거쳐 '파란'으로 이름이 바뀌었고요. '정보탐정'은 당시 국내의 검색엔진들 중에서 최고의 수준이었습니다. 우수한 인재들과 자금력이 있었으니까요. 이후 후배들에게 물려주었습니다.

전 도전적으로 내가 주인이라고 생각하고 마음껏 일하면서 제가 속한 조직에 도움이 되는 길을 걸었어요. KT가 설립되자마자 입사해 전화중심의 음성통신에서 인터넷과 무선통신을 거쳐오면서, IT강국으로의 도약에 중심이었던 KT와 함께 새로운 변화를 이끌 수 있었기에 행복했습니다.

KT를 떠난 후, 인공지능연구원에서 활동하기 전에는 어떤 일을 하셨나요?

KT에 31년간 있다가 나오는 당시에는 큰 충격이었지만, 나와서 보니 저를 이렇게 키워준 KT에 감사하고 운이 좋았다는 걸 느꼈습니다. 이제부터는 남들을 도우며 살겠다고 다짐했고요. 몇 달 후 모교인 카이스트에 교수로 갈 수 있었고 5년 동안 있었습니다. 후배들인 제자들을 가르치면서 KT에서의 경험을 학생들이 느끼고 고민할 수 있게 해주었어요. 정보통신 산업과 기술경영, 그리고 리더십에 대한 살아있는 경험을 바탕으로 가르치니 학생들도 좋아했습니다. 국내 최고의 리더들을 제자로 두고 KAIST 최고경영자 과정을 운영하면서 내가 의미 있는 일을 하고 있다고 느끼며 만족하고 있었습니다. 이맘때 인공지능연구원에서 원장으로 와달라는 요청을 받았습니다.

인공지능연구원(AIRI)의 2대 원장님으로 인공지능을 연구, 교육, 개발하시게 된 계기는?

인공지능연구원은 2016년 알파고와 이세돌의 대국 이후 우리나라도 인공지능 기술 경쟁력을 갖춰야 한다는 필요에 의해 설립되었습니다. 이듬해부터 안정적인 정부지원을 약속받았지만, 정권교체로 백지화되면서 기업 출자금으로 운영하는 상태가 되었죠. 인력도 줄어들고 큰 암초를 만나게 되자 공공연구 역할을 버리고 기업으로서의 경쟁력을 갖추기로 방향을 전환하였고, 이를 끌고 갈 인공지능의 전문성을 갖춘 경영자로 저를 지목하게 된 것입니다. 처음에는 고사를 했지만 고민 끝에 상당히 보람된 일이라 생각해 수락하였습니다.

인공지능연구원은 인공지능에 대한 관심이 높아지던 2016년에 인공지능을 활용한 산업 및 사회문제 해결을 목표로 설립되었습니다. 저는 기업의 대표로 회사 전체의 방향을 설정하고 직원들이 역량을 최대한 발휘할 수 있도록 환경을 마련해주고 있어요. 생각을 모아 한 곳으로 집중해서 사람들이 필요로 하고 세상을 이롭게 하는 제품을 만드는 것이 중요합니다. 이를 위해 직원들이 어떤 역할을 할지 의논하고 맡기고 도와주며, 문제가 있으면 해결하여 변화와 수정을 자연스럽게 할 수 있도록 소통하고 있습니다. 또한 고객과 시장이 요구하는 차별화된 인공지능 기술과 서비스를 집중적으로 연구 개발하여 수익을 창출하는 경쟁력 있는 인공지능 기술 전문회사로 성장하여 인공지능 기술의 대중화 시대를 열어가고자 합니다.

Question AI 전문가, CEO로서의 비전과 이를 위해 노력하고 계신 활동이 있나요?

인공지능에는 다양한 분야가 있습니다. 예전에는 사람의 지능을 규명하여 이를 컴퓨터에 구현하는 방식인 지식처리형 방식의 인공지능 기술이 주도했다면, 지금은 빅 데이터를 활용한 신경망 모델인 딥 러닝을 통해 특정 영역의 지능을 구현하는 데이터 드리븐 방식의 인공지능 기술이 주도하고 있어요. 대표적으로 구글, 애플, 마이크로소프트와 국내는 네이버, 삼성, KT, SK가 주도하고 있죠.

저희 인공지능연구원은 스타트업이라서 생존이 중요합니다. 살아남은 다음에 성장하고 가치를 인정받는 것이 현실입니다. 하고 싶은 것과 현실적으로 경쟁력을 갖추는 것에는 차이가 있는 거죠. 저는 인공지능의 새로운 연구개발보다는 기존에 나온 방법론이나 기술들을 남들이 생각하지 않는 산업이나 사회 문제에 적용해서 문제를 효율적인 방법으로 풀어내는 것에 중점을 두고 가치를 창출하고 매출을 올리고 고객을 확보해야 한다고 생각하고 있습니다. 자연어 처리, 컴퓨터 비전, 음성인식 등 전통적인 인공지능의 핵심기술을 연구·개발하는 것을 목표로 하기 보다는 그런 기술들을 활용해서 서비스를 만들어내는 것을 목표로 하고 있어요. 인공지능을 하는 사람들이 주축이지만, 서비스를 만들어내기 위해 클라우드 전문가, 빅데이터 전문가, 디자이너, 기획자, 판매·영업하는 사람들이 함께하는 회사입니다.

Question 건강관리의 노하우는 무엇인가요?

- - - - - - - - - - - - - - - - - - - -

건강관리는 꾸준하게 하는 것이 중요합니다. 저는 바쁜 일과 중에서도 어떻게든 시간을 내서 건강에 투자하는 것이 생활화 되어 있어요. 어릴 때부터 건강하지 못하다고 생각해서 꾸준히 운동을 하고 있으며, 선천적으로 약한 체질이지만 굴복하지 않기 위해 노력하고 있죠. 한때는 마라톤도 했었는데, 취미나 특기로 마라톤을 하는 분들을 만나보면 어렸을 때부터 건강한 사람들보다는 오히려 약한 사람들이 걷기부터 시작해 달리기, 그리고 마침내 마라톤을 하는 경우가 훨씬 많더라고요. 물(水)도 능히 돌(石)을 뚫을 수 있다는 '수능천석'이라는 말처럼 작지만 꾸준하게 무엇을 하는 것이 상당히 중요하답니다. 일과 직업, 공부에서도 마찬가지고요.

삶의 가치관, 좌우명이 무엇인가요?

노력하지 않고 얻는 것은 없다고 생각합니다. 내가 하나씩 다지고 노력해서 만들어 가는 것이 중요합니다. 결국 해내는 주체는 본인입니다. 교육의 관점에서도 언제까지고 떠먹여 주는 게 아니라 고기를 잡는 방법을 가르쳐 줘야 한다고 생각해요.

저는 우리 기성세대보다 젊은이들이 지금 시대에 더 적합한 능력이 있다고 생각합니다. 요즘 아이들은 국내를 넘어 세계 최고라는 꿈을 안고 이를 이루기 위해 노력하고 있죠. 글로벌한 환경에서 자라고 있습니다. 앞으로 펼쳐질 미래에 아이들을 믿어주고 역량을 발휘할 수 있도록 해 주는 것이 우리들의 역할이라고 생각합니다.

모두의 영역,
인공지능

▶ KCAMP_KAIST 교수 시절(2015년)

▶ 인공지능연구원 원장(대표)(2019년)

▶ kt 그룹사 대표 시절(2011년)

인공지능의 발전과 이로 인한 사회의 모습에 대해 어떻게 생각하시나요?

인공지능이 컴퓨터로 하여금 사람처럼 지능을 가지게 하는 것이라면 사람의 지능을 먼저 규명하고 이를 컴퓨터에 구현시키는 것이 기본적인 방식입니다. 우리가 컴퓨터를 만들 때도 사람처럼 만들려고 하죠. 신경생리학, 뇌 공학을 통해 규명하려고 하고요. 뇌가 신경세포가 연결된 신경망으로 구성되었다는 걸 알게 되고 그것을 모델링 하여 신경망을 만들었지만 지능이 구체적으로 어떻게 발휘되는지는 아직 규명되지 않았습니다. 그런데 최근에 컴퓨팅 파워가 급속도로 증대되고 방대한 빅데이터를 활용하면서 신경망 모델이 특정 영역에서는 사람을 능가하는 것이 많아지고 있죠.

인공지능이 단순반복적인 일을 했지만 지금은 사람이 하는 것을 하게 됩니다. 인공지능으로 인해 인간은 일을 하지 않고 자기가 하고 싶은 것만 하며 사는 시대가 올 것입니다. 인공지능으로 인해 풍요로워지는 것을 독차지하는 소수에게 세금을 걷어 대부분 사람들에게 기본소득으로 제공하는 것도 고민해야할 것입니다.

인공지능에 대해 사람들은 어떤 자세를 가져야 할까요?

저는 인공지능과 관련된 알고리즘을 개발하는 사람만 연구자라고 지칭하고 싶지 않습니다. 사회 모든 분야에 영향을 미치기에 이제 인공지능은 모든 사람들의 영역이 된 거죠. 인공지능은 모든 분야에서 가져다 쓰기에 편한 방법으로 발전할 것입니다. 물과 공기처럼 보편화되고 도구화 될 것이기에 내가 하는 일에 어떤 영향을 줄 것인지를 생각해야 합니다.

'AI 전문가'를 추천하나요?

   컴퓨터 사이언스 중에서도 인공지능에 대한 연구를 전문으로 하는 사람이 되는 것은 굉장히 특수한 영역으로 수학, 통계, 프로그래밍 등을 잘해야 합니다. 인공지능전문가를 꿈꾸는 모든 사람들이 이 영역으로 갈 필요는 없다고 생각해요. 이를 재미있고 잘 할 수 있는 사람이 가야할 영역이라고 봅니다.

AI 전문가가 나아갈 방향은 무엇이라고 생각하시나요?

   저는 인공지능을 이용하고 활용해서 의미 있는 일을 하는 것이 필요하다고 생각해요. 요즘 AI+X라고 하는 것처럼 공대 컴퓨터공학과에서만 인공지능을 하는 게 아니라 다양한 분야에서 인공지능을 다루어야 하는 거죠. 인공지능 기술을 잘 활용해서 나만의 영역에서 다른 사람과 차별화 된 가치를 만들어 내는 것이 중요할 것 같습니다.

인공지능은 세상을 어떻게 변화시킬까요?

   저는 최근에 딥 러닝과 같은 데이터의 데이터 드리븐 인공지능이 굉장한 성과를 내면서 진전되는 것을 보았을 때, 사람의 지능을 능가하는 지능의 탄생이 멀지 않았다는 생각을 해요. 그렇게 되면 지금의 국가, 민족, 기업 등에 엄청난 변화가 예상 되죠. 대부분의 직업이 없어지고 극소수의 사람과 기업이 부를 창출하면, 대다수의 사람들은 어떻게 살아가고 돈은 누가 줄 것인가 등의 문제에 대한 준비가 필요할 것 같습니다. 인류가 인공지능을 어떻게 끌고 갈 것인가는 결국 사람이 정하게 되죠. 인공지능에 대한 대책을 기술의 관점이 아닌 전 사회의 변화라는 관점에서 바라보고 전략을 짜야합니다.

Question **인공지능에 대해 어떻게 생각하시나요?**

　저는 인공지능을 긍정적으로 바라보는데요, 하지만 가만히 있다고 저절로 긍정적으로 되지는 않을 것 같아요. 인간들의 각성과 종교, 사회, 제도, 문화의 문제가 같이 맞물려서 고려되어야 합니다. 명쾌하게 말할 수는 없지만 결국은 인공지능도 일부 특수층이 좌지우지해서는 안 되고 인공지능을 연구하는 사람들의 다양성도 보장되어야 해요. 특정 국가나 인종 위주로 가서는 재앙을 초래할 수 있습니다. 데이터의 편견, 잘못된 데이터에 대한 문제와 과거의 데이터가 없는 예상 밖의 일에 대해서는 예측과 대처가 어려운 것만 보아도 알 수 있죠.

Question **청소년들은 어떤 역량을 어떻게 키워야 할까요?**

　100세 시대를 하루 24시간으로 보면 스무 살은 아직 새벽 시간이죠. 아직 인생은 멉니다. 급하게 생각하지 말았으면 좋겠어요. 벌써부터 좌절하고 조급해하지 않아도 돼요. 할 일은 많고 세상은 넓어요. 한 명의 인간은 비록 나약하지만 노력에 의해 세상에 영향을 미칠 수 있는 능력이 있습니다. 학교에서 배우는 것만으로 세상이 결정되는 것이 아니기 때문에 길게 보는 능력을 키우길 바라요. 지금의 상황과 환경에 좌절하지 않고 희망을 가지게 되면 미래를 기대할 수 있습니다.

　인생은 긴 여행이라고 말해주고 싶어요. 긴 여행을 하듯 때로는 어려움도 있고 힘들기도 하고 병들기도 하지만, 결국 즐거운 것이 인생이거든요. 그런 긴 여행은 함께 할 때 덜 힘들답니다. 항상 받기만 하는 사람이 아니라 주는 사람이 되어보면 좋겠어요. 주어야 받을 수 있고 기쁨이 있습니다. 복을 만들어서 주변에 나눠주는 사람은 그 복이 나에게 다시 돌아오게 돼요.

Question 청소년에게 해주고 싶은 조언이 있다면?

우선은 다양한 것을 폭넓게 해보는 걸 추천합니다. 예를 들어 게임개발자도 인간을 즐겁게 하고 행복하게 해주기 위해 문화, 역사, 사람을 알아야 하죠. 다양한 자양분을 키워주는 것이 필요합니다. 전공 한 분야를 깊게 파려면 처음 시작할 때부터 넓게 파야만 깊게 팔 수 있습니다. 특히 융합의 시대에는 전문성도 있으면서 폭넓은 인재가 필요합니다. 제 경험상 좋아하는 것과 싫어하는 것은 최소 3년 정도는 해봐야 나에게 맞는지, 행복한지를 알 수 있는 것 같아요. 몇 달 해봐서는 잘 모르죠. 겉으로 드러난 얄팍한 것으로는 알수가 없습니다. 힘들지만 오랫동안 하다 보면 나의 일이 되고 좋아진다고 생각해요.

그리고 '어떤 사람이 될 것인가? 내가 태어나서 나 혼자 만족하면 되는가? 같이 행복하려면 내가 어떻게 하면 그 행복에 기여할 수 있을까?'에 대해 생각해보면 좋겠어요.

Question 인간만이 가진 인간다움은 무엇일까요?

인간은 복합적인 존재이죠. 항상 즐겁기만 하면 세상이 행복할까요? 저는 분노나 슬픔이 있어야 행복함도 있는 거고 그게 인간이 가진 장점이라고 생각해요. 어둠이 있는 대신 빛을 찾을 수 있고, 빛 속에서도 어둠을 걱정할 수 있는 것처럼 연결되어 있습니다. 인간이 때론 나약하고 악하지만 이것이 인간의 특징이죠. 항상 강하고 정의롭고 선하고 멋있고 행복한 것만이 인간이 아니라고 생각합니다. 과연 인공지능이 이러한 인간의 특성을 구현할 수 있을지 의문입니다. 인공지능은 사람들이 어떤 목적으로 만든 프로그램이니까요.

어릴 시절 게임대회에서 1위를 하고 준프로로 숙소생활을
할 정도로 게임을 잘하고 좋아했지만, 미래에 대해 고민을
하면서 공부에 매진하였다. 고등학교 때부터 수학선생님을
꿈꾸며 노력했고, 비록 성적에 맞추어 공대에 진학했지만
꾸준히 수학에 대한 열정과 흥미를 이어갔다. 그러다 빅 데
이터의 열풍으로 대학원에서 빅 데이터를 전공하고, 취업을
목표로 고민하던 중 인공지능을 접하게 되며 인공지능전문
가를 꿈꾸게 되었다. 수많은 회사에 지원하고 면접하며, 의
료 분야 스타트업, 네이버 웹툰, 인공지능연구원, 게임회사
NCSOFT에서 다양한 경험을 쌓았고, 현재는 NAVER AI
LAB에서 병역특례 전문연구요원으로서 인공지능 관련 논
문 작성과 서비스화 업무를 수행하고 있다.

NAVER AI Lab
김준호 연구원

현) NAVER AI Lab 연구원
- NCSOFT
- 네이버 웹툰
- 루닛
- 인공지능연구원
- 중앙대학교 컴퓨터공학전공, 대학원
- 경복고등학교

인공지능전문가의 스케줄

김준호
연구원의
하루

23:00 ~
▸ 취침

08:00 ~ 10:00
▸ 기상 후 아침식사
▸ 주식 확인, 출근 준비

19:00 ~ 23:00
▸ 가족, 친구와의
  저녁 식사
▸ 휴식, 게임

10:00 ~ 11:30
▸ reddit(AI 소식지) 구독
▸ arXiv(논문저장 사이트)
  논문 인트로 확인
▸ 관심 논문 정독

12:30 ~ 19:00
▸ GitHub(코드 저장소)
  새로운 코드 확인
▸ 연구 진행

11:30 ~ 12:30
▸ 점심식사

DEVIEW

인공지능
전문가를
결심하다

▶ 어린시절, 유치원에서

▶ 어린시절, 동갑내기 친구들과 함께

▶ 어린시절

친구들 사이에서는 양보하고 잘 들어주는 선하고 편한 이미지였던 것 같아요. 복잡한 것보단 심플한 것을 좋아하고 게임 아니면 공부를 좋아했고, 운동보단 게임을 잘 하는 아이였습니다. '카트라이더'라는 게임으로 전국대회 1등도 하고 준프로로 중학교 때에는 숙소생활도 했습니다. 그러다 중학교 3학년 특목고 진학을 목표로 열심히 공부했지만 실패하고, 경복고등학교에 진학하면서 게임을 그만두었어요. 미래에 대한 고민을 하게 되면서 프로처럼 하기는 어렵고 경쟁력이 있을까라는 생각이 들었고, 25살까지 게임만 하는 건 멋이 없을 것 같다는 생각이 들었거든요. 공부를 잘 해야 내가 하고 싶은 걸 선택할 수 있는 가능성이 높아진다고 생각해 수능 공부에 매진하였습니다.

Question　10대 시절 경험으로 청소년들에게 해주고 싶은 조언이 있나요?

저는 고등학교 때 공부가 제일 재미있었습니다. 대학생이 되면 정말 많이 놀 수 있거든요. 중고등학교 시절이 유일하게 공부에 집중할 수 있는 시기이고 공부만 한다고 해서 친구와의 거리가 멀어지지도 않는 것 같아요. 이 때 집중해서 꿈을 찾아 원하는 학과에 간다면 정말 좋은 일이죠. 노는 것도, 연애를 하는 것도 좋지만 공부에서 손을 놓지 않았으면 좋겠어요. 저는 지금 20대 후반인데요, 10대에 비해 생각이 느려지는 느낌이 있어요. 10대 때 공부를 집중적으로 하는 걸 추천합니다.

대학 생활을 하면서 중요시 여긴 것은 무엇인가요?

대학생 때에는 연애와 사람들 간의 관계가 중요하다고 생각했어요. 대학은 다양한 지역에서 수능, 논술, 경연대회 등 다양한 경로로 오게 되잖아요. 중·고등학교에서 만나는 자신의 동네 사람들 외에 다양한 사람들을 만날 수 있는 시기이죠. 여러 사람들을 만나고 배우는 것이 많았고 사람들과의 관계를 중요하게 여겼습니다.

진로 결정 과정이 어떻게 되나요?

저는 고등학교 때부터 수학선생님이 되고 싶었어요. 수학을 좋아하고 잘해서 친구들에게 수학을 가르쳐줄 때 보람을 느꼈거든요. 하지만 수능이라는 문턱에 걸려 결국 성적에 맞춰서 공대에 들어가게 되었어요. 하지만 공대에 진학한 후에도 꿈을 포기하지 않고 2학기부터 수학을 복수전공하면서 학회동아리에 튜터로 신입생들에게 선형대수학을 가르쳤습니다. 컴퓨터공학도로 개발에 대한 의지와 함께 수학선생님의 꿈을 잃지 않았어요.

그러던 중 대학교 4학년 때 빅 데이터의 열풍이 불면서 목표를 확실히 세우게 되었어요. 취업에 대해 고민하며 비전 있는 직업을 알아보던 시기에 빅 데이터는 유망한 분야라고 생각했고 대학원에도 진학하였습니다. 그러다가 대학원을 졸업할 때 쯤 알파고로 인해 인공지능이 유망 분야로 떠오르기 시작하면서 또 한 번 진로를 바꾸게 되었어요. 빅 데이터를 준비하던 저에게 인공지능은 20% 정도의 연계성이 있었고, 과감하게 방향을 틀어서 인공지능을 따로 해야겠다고 결심해 인턴과 공부를 병행하며 커리어를 쌓았습니다. 운이 좋게도 수학을 복수전공한 덕에 수학이 기본이 되는 빅 데이터와 인공지능 분야로 진로를 바꾸는 데 큰 어려움은 없었어요.

Question 빅 데이터에서 인공지능으로 결심한 계기는 무엇인가요?

이세돌과 알파고의 대국 때 내기를 했는데요, 전 사람이 이길 거라고 생각했어요. 그런데 인공지능이 이겼다는 것은 이제 인공지능을 통해 다른 것도 할 수 있는 가능성이 열렸다는 의미였죠. 앞으로는 사회나 세상의 니즈를 만족시키는 직업이 각광을 받을 것이고, 그 직업 중 하나가 인공지능 엔지니어라고 생각했습니다. 이렇게 상상을 많이 하는 제 자신에게 취업이라는 목표, 즉 니즈가 있었기에 결심을 할 수 있었습니다.

Question 인공지능전문가가 되기 위해 어떤 노력을 하셨나요?

대학원을 졸업할 당시만 해도 인공지능 관련 책이 없었습니다. '모두를 위한 딥 러닝'이라는 김성훈 교수님의 강의를 주로 보며 인공지능전문가가 되기 위해 노력했어요. 또, 수많은 회사에 지원하고 면접을 봤어요. 주로 전문연구요원으로 지원했는데, 면접하고 지원하는 과정에서 많은 것을 배울 수 있었죠. 여러 회사에서 면접을 많이 보다 보면 기업이 현재 필요로 하는 게 무엇인지에 대한 니즈를 알 수 있게 됩니다. 면접 때의 질문이 그 회사가 필요로 하는 니즈인 거죠. 면접에 많이 떨어지면서 회사의 니즈가 무엇인지 파악하고 공부하기를 반복했습니다.

2017년 1월에서 3월은 회사에 지원하고 떨어지기를 반복했던 시기였고, 3월에서 5월까지는 공부를 했어요. 5월부터 이론은 혼자서 할 수 있게 되어서 인턴을 지원해서 실무를 해야겠다고 판단했죠. 바로 병역특례를 할 수도 있었지만, 인턴을 한 번만 하지 않고 다양한 도메인(의료 분야 인공지능 회사, 네이버 웹툰)을 겪고 스타트업과 대기업의 분위기를 보면서 자연어, 이미지, 음악 등 방대한 인공지능에서 무엇부터 공부할지를 생각했죠.

인턴으로 일을 할 때에는 잘하면 칭찬을 받게 되는데요. 저는 다른 사람에 비해 구현 속도가 빠르다는 걸 알게 되었어요. 다른 회사도 가보면 좋겠다고 생각했고, 2년이라는 상대적으로 긴 시간동안 근무해야 하는 정규직보다 인턴으로 여러 회사에서 다양한 경험을 하는 걸 택했습니다.

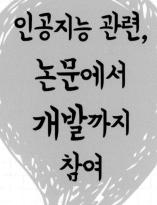

인공지능 관련,
논문에서
개발까지
참여

▶ 네이버 입사시 사진

▶ 스터디 중

▶ 엔씨소프트 공채

**Question** 네이버 AI Lab에서 인공지능을 연구, 개발하게 된
계기는 무엇인가요?

그동안 의료 분야 스타트업, 네이버 웹툰, 인공지능연구원을 다녔고, 게임회사 NCSOFT에서는 2년 정규직으로 있었고, 현재는 다시 NAVER AI LAB으로 왔습니다.

게임 도메인, 의료 도메인, 인공지능연구원에서 연구를 해보면서 논문을 쓰고 싶은 건지, 논문을 써서 서비스화 하고 싶은 건지를 고민하게 되었어요. 게임이나 의료의 경우 해당 도메인에 한정되는 상황이지만 NAVER AI LAB에서 다양한 IT 쪽으로 서비스화를 한다는 점에서 매력을 느꼈어요.

Question 근무 부서와 업무는 어떻게 되나요?

AI LAB은 연구조직이다 보니 연구를 많이 해요. 논문 작업이 주된 업무입니다. 연구를 바탕으로 다른 팀과 서비스화 하거나 같이 논문을 쓰기도 하고요. 제가 개발한 Selfie 2 Waifu 서비스는 셀카 이미지를 애니메이션으로 바꿔주는 연구로 이미지 생성 기술이에요. 이미지를 생성하고 이미지를 변환하는 것이 재미있어요. 사람들이 좋아하는 연구가 되었으면 좋겠습니다. 요즘 20대, 30대들이 주로 하는 이미지가 인스타그램인데 나의 일상을 표현하고 싶으신 분들에게 Selfie 2 Waifu는 이미지를 애니메이션으로 바꿀 수 있다는 점에서 많은 관심을 받았던 것 같습니다.

현 분야에서 일하게 되신 후 맡은 첫 업무가 무엇인가요?

　논문을 구현해 보는 게 첫 업무였는데요, 제가 대학원에서 공부한 자연어(한글 언어) 분야와는 다르게 이미지 구현이라는 새로운 분야를 첫 업무로 하게 되었죠. 이미지 도메인을 잘 몰랐고 이미지를 구성하는 픽셀 값의 범위가 0~255라는 것도 몰랐던 때였어요. 관련 논문을 읽고 이해하고 파이토치, 텐서플로우 같은 프레임워크를 선택하고 공부하고 구현하는 과정이 있었습니다. 밑바닥에서부터 부딪히면서 구현하는 방식을 공부했고, 이렇게 해보았기에 성장하는 데 큰 도움이 되었어요. 편하게 가르쳐주는 대로만 하면 성장은 별로 없는 것 같아요.

　물론 회사에서 시키면 당연히 해야 하는 인턴의 압박감도 있었지만, 업무를 지시한 분이 보았을 때 저에게 가능한 업무라고 생각해서 주셨을 것이기 때문에 할 수 있다는 생각으로 계속하게 되었어요. 구현하고 공부하면서 성취감을 느끼고 기분도 좋았어요.

본인에게 큰 변화를 안겨다 준 경험이 있다면 들려주세요

페이스북에서 제일 큰 인공지능 커뮤니티인 Tensorflow KR에 논문을 구현해서 올린 경험이 기억에 남아요. 인공지능 기업에 인턴으로 입사하기 위해 면접을 보면서 GitHub가 중요함을 알고 논문을 구현해서 Tensorflow KR에 공유했어요. 저에게는 이렇게 논문을 구현해서 소셜 커뮤니티에 올렸던 것이 하나의 사건이었어요. 이걸 시작으로 자기계발에 집중하고 커리어를 관리했으니까요.

논문을 구현해서 소스를 올릴 때에는 사람들의 니즈가 있는 소스를 올리는 것에 중점을 두었습니다. 예를 들면 다음과 같습니다.

(1) 현재 사람들이 가상 관심 있어 하는 논문

(2) Reddit에서 화제가 되고 있는 논문

(3) 구현을 할 때 사람들이 선호하는 코드 구조

그렇게 열심히 하다 보니 한국 Github 랭킹 10위(Star기준)를 달성했습니다. 사람들이 좋아하는 게 보람되고 좋아서 더 열심히 자기계발에 힘쓰고, 좋아하는 걸 구현해서 올렸습니다.

Question **자기계발과의 노하우가 무엇인가요?**

저는 계획적인 편은 아닌 것 같아요. 오히려 상황에 따라 자기계발에 대한 니즈가 바뀌는 편이죠. 예를 들면 회사에서 해외 컨퍼런스 참석을 지원해줘서 영어 대화의 니즈가 생기면 2주전부터 영어공부의 패턴을 회화에 맞추고, 평상시엔 논문을 조사하고 구현하기 위해 논문의 어법에 맞게 영어단어를 공부하고 있습니다.

인공지능전문가로서 부족함을 느낄 때, 해결하는 방법이 있나요?

저는 부족한 것을 채우려는 방법으로 학회에 가는데요, 네이버 DEVIEW, 파이콘 파이썬 컨퍼런스, 스터디에 참여하고 있습니다. 온라인 커뮤니티 Tensorflow KR에 질문을 올리기도 하고, 올려진 질문에 답변도 하며 공부를 합니다. 그리고 관심 있게 본 논문을 구현을 하기도 하고, 여러 유튜브에 공유되고 있는 논문 요약 같은 것을 보기도 합니다.

근무환경과 성과측정방식이 어떻게 되나요?

네이버의 근무시간은 자율출퇴근제이고 근무환경도 자유로운 편이에요. 논문을 쓰는 것이 성과이다 보니 단독저자(1저자)로 쓰는 것도 좋지만, 여러 사람과 함께 협업하여 공저자로 쓰는 것도 성과로 반영이 됩니다. 논문 아이디어 도출, 아이디어 관련 실험, 논문 작성을 할 경우에 1저자가 되고, 이외 공저자들은 보통 아이디어에 관한 검증 토론과 논문 작성을 도와주는 역할이라고 보면 됩니다.

기억에 남는 프로젝트가 있나요?

NCSOFT에서 근무할 때의 프로젝트가 기억에 남는데요, 게임 도메인에서 인공지능을 어떻게 적용을 하는지에 대한 연구였어요. RPG게임 등을 보면 게임 스타일이 다른 거지 카테고리는 동일해서 아이콘이 대부분 비슷하거든요, 이미지 분야를 맡았던 저는 그런 특성을 살려서 디자이너가 게임 디자인을 할 때 디자이너를 도와주는 인공지능을 개발해 보았습니다. 예를 들어 블레이드 소울의 아이콘을 통해 다른 게임의 스타일로 바꿔주는 거죠. 이 인공지능의 개발 사례를 통해 네이버 DEVIEW와 NVIDIA AI CONFERENCE에서 발표도 했었답니다.

이전에 근무한 네이버 웹툰에서는 다른 팀과의 협업이 없었지만, NCSOFT에서는 디자이너라는 새로운 직업군의 니즈를 만족시키기 위해 협업을 했었어요. 디자이너의 성향을 몰라서 처음에는 기대 반, 우려 반으로 시작했지만, 회의에서부터 좋았던 기억이 많았고 즐겁게 협업을 할 수 있었습니다.

 **인공지능 전문가라는 직업 외에 연구원님은 어떤 사람인가요?**

대학생 때 밴드부에서 활동했어요. 다른 사람을 챙겨주는 걸 많이 좋아하고, 지식을 나누고 도움을 주는 걸 좋아해서 잘 챙겨주는 선배인 것 같습니다. 내가 사람들을 도와주면 선한 사람들이 나를 좋아하게 되잖아요. '나는 사랑 받기를 원해'라는 마음으로 다른 사람들을 도와주고 양보하면 좋겠다고 생각합니다.

무한한
가능성을 열고
폭 넓게
공부해야

▶ 네이버 데뷰 발표

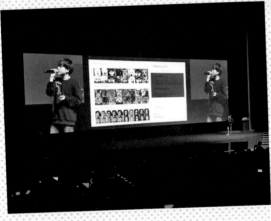

▶ NVIDIA 발표

NAVER

김준호
Kim Junho

▶ 네이버 사원증

맡은 분야의 전문가로서 전문성을 쌓기 위한 노력이 있다면 무엇인가요?

저는 논문을 구현해서 소셜 커뮤니티에 올리고, 컨퍼런스에 참석해 동기부여를 받고, 학회와 스터디를 통해 여러 사람들과 소통하고 협업하고 있어요.

소셜 뉴스 웹사이트 reddit에는 해외 유명 논문들이 많이 있는데요. 제가 올린 글이 다른 사용자들의 투표로 1위에 오른 게 기사로 나오기도 했습니다. 네이버에서 만든 StarGAN이라는 논문이었습니다. 학회의 경우 네이버 DEVIEW라는 학회를 가면 여러 사람이 발표를 해요. 발표를 들으면 '저 사람 멋있다. 내가 부족하구나'를 느끼게 됩니다. Tensorflow KR에서 스터디도 많이 모집하고 있고요.

AI 전문가의 오해와 진실

인공지능만 적용하면 모든지 다 할 수 있을 거라는 오해가 있어요. 물론 그런 사회가 언젠가는 오겠지만 아직까지는 어려운 게 현실이죠. 논문의 결과들을 보면 '어떻게 이렇게 깔끔하게 되지?'라는 생각이 들 때가 있는데요, 그런 결과물들의 경우 체리피킹의 정도가 상당히 심해요. 체리피킹이란 실험결과 중 우수한 결과들만 뽑아서 논문에 싣는 것을 의미해요. 결과만 보면 몇 천 번 중에 열 번 정도만 잘 나와도 논문에 실을 수 있거든요. 서비스화의 결과물을 보면 논문의 결과와는 다른 경우가 많습니다.

지금은 현재 있는 데이터를 기반으로 학습을 해서 결과물을 내는 것이고 새로운 작품을 내는 것은 인공지능이 하기가 어렵습니다. 도움을 주는 수준인 거죠. 따라서 아직까지는 인공지능이 직업을 없앨지도 모른다는 두려움에 떨 필요는 없을 것 같아요.

Question **AI 전문가의** 전망은 어떤가요?

저는 리서치 사이언티스트로 정착을 했는데요, 이 직업은 인공지능이 계속되는 한 쉽게 사라질 직업은 아닌 것 같아요. 계속해서 자율주행자동차, 게임회사디자이너, 음성인식 등에 인공지능이 조금씩 스며들고 있는 현재 상황을 보면, 인공지능도 쉽게 사그라지진 않을 거고요. 게다가 리서치 사이언티스트는 해외에서도 있는 직업이기 때문에 다른 나라에서도 충분히 할 수 있는 직업이죠. 앞으로 리서치 사이언티스트는 많은 능력이 요구되고 리서치 엔지니어에 대한 수요도 늘어날 것으로 보입니다.

Question **AI 전문가로서** 다음 목표는 무엇인가요?

첫 번째는 'Selfie 2 Waifu'를 개발하고, 두 번째는 NCSOFT에서 디자이너를 도와주는 Assistant AI를 개발했습니다. 두 가지 다 돈을 벌 수 있는 서비스는 아닌데요, 다음으로 하고자 하는 것은 회사에도 이득이 되면서 사람들이 좋아하는 서비스를 만들고자 합니다. 논문 쓰는 것도 중요하지만 하고자 하는 목표를 정해야 결과물이 잘 나오니까요.

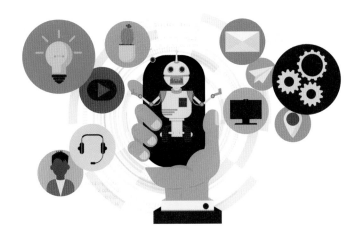

Question 삶의 가치관, 좌우명이 무엇인가요?

　말만하고 계획만 세우는 것이 아니라 '행동하라. 실행하라'입니다. 여러 사람들을 만나다 보면 자신의 목표를 말만 하고 계획을 안 세우는 사람이 있는 반면, 목표를 이루기 위해 계획을 세심하게 세우고 행동을 하는 사람들이 있어요. 누구나 그렇겠지만 말 한 것을 실천하는 사람이 좋고 멋있죠. 목표를 정하면 혼자 생각하기보단 자신의 생각과 목표를 주위에 말해보면 좋겠어요. 그렇게 하면 이를 지키기 위해 더욱 노력하게 되거든요. 부끄러워하지 말고 말하고 행동으로 이어지는 걸 경험하면 좋겠습니다.

Question 주변사람들이 'AI 전문가'를 한다고 할 때 추천하고 싶나요?

　직업을 추천 하느냐는 질문에 대한 제 대답은 '추천한다' 입니다. 특히 인공지능을 정말 하고자 하는 사람들에게 AI전문가는 보람되고 좋은 직업이 될 거라고 말해주고 싶어요. 하지만 요즘 대세가 인공지능이니까, 안일하게 인공지능을 하겠다는 사람들에게는 조금 버거운 직업이 될지도 몰라요. 매일 매일 공부하고 계속 쏟아지는 영어 논문을 매일 읽기란 쉽지 않거든요. 인공지능에 대해 막연한 생각을 가지고 시작하시는 분들에게는 한번 시작하면 나가기 힘든 정규직보다 인턴을 통해 어떤 직업인지 경험해 보는 걸 추천합니다.

Question
추천하고 싶은 책이 있다면 무엇인가요?

'낭만적 연애와 그 후의 일상'을 추천합니다. 연애 관련 소설인데 현실적인 연애의 과정과 연애가 끝났을 때의 과정까지 담겨있어요. 학생들이 대학생 때 연애를 하게 될 텐데요, 저도 최근에 다시 읽었는데 대학생 때 읽었다면 연애로 인한 감정소모가 적었을 것 같아요.

Question
'AI 전문가'를 꿈꾸는 청소년들에게
해주실 말씀이 있다면요?

어렸을 때 희망하던 직업을 성인이 되어서 가지는 경우는 적은 것 같아요. 수학선생님을 꿈꿨던 저도 이렇게 인공지능전문가로 활동하고 있으니까요. 물론 성인이 되어서 어릴 적 꿈을 이루기도 하지만, 바뀔 수도 있다는 걸 항상 염두에 두었으면 좋겠어요. 지금 현재 인공지능을 하고 싶다고 성적을 거기까지만 유지한다면 나중에 의사가 되고 싶거나 다른 직업을 선택하고 싶을 때 한계가 생길 수밖에 없어요. 항상 선택의 폭을 넓힐 수 있도록 공부를 열심히 하는 걸 강조하고 싶어요. 대학생들에게는 학점보다 포트폴리오 관리가 중요하고 상대적으로 성적이 덜 중요할 수도 있어요. 그러나 20대에게는 회사가, 10대에게는 입시가 중요합니다. 학교 공부와 수능성적이 꿈을 이룰 첫 번째 관문이고 기회를 놓치지 말았으면 합니다.

　우선, 컴퓨터 공부가 가능하면 좋고, 중·고등학생 때는 인공지능 이해를 위해 필요한 수학, 논문과 이메일을 읽고 쓰는 능력, 학회 등에서 외국인들과 소통을 위해 필요한 영어를 잘 준비하는 걸 추천합니다. 간혹 특이한 케이스를 보고 하나만 잘하면 된다고 생각해 나머지 역량을 포기하는 경우가 있는데요, 이런 상황에 휩쓸리지 않는 것도 중요합니다.

Question 인공지능은 세상을 어떻게 변화시킬까요?

　인공지능의 지속적인 발전은 편리한 세상을 만들 거라고 생각해요. 상대적으로 사람들이 게을러질 수도 있고요. 아이폰의 경우 지문인식에서 얼굴인식이라는 인공지능 기술이 적용되었죠. 로봇이 카페에서 커피를 배달해주기도 하고, 인공지능이 유튜브나 기사를 요약해 주는 경우도 많고요. 최근 GPT-3라는 자연어 처리 기술이 기사를 요약하고 다 읽지 않아도 되는 수준까지 왔더라고요. 인공지능이 나쁘게 변화될 것 같진 않지만, 인공지능 덕분에 세상이 편해짐으로써 인간이 퇴화될 수도 있다는 불안감이 있습니다.

인간만이 가진 인간다움은 무엇일까요?

지금은 상상력이라고 생각하는데요. 나중에는 잘 모르겠습니다. 인공지능은 공감도 가능해요. 감정 인식이라는 기능이 인공지능에 있거든요. 행복할 수 있게 하는 데이터가 있으면 이렇게 행동하게 될 것입니다. 점차 인간과 인공지능의 차이가 없어질 것이고 상상력도 특이한 상위 몇 프로가 아니면 인공지능도 관찰된 것을 바탕으로 만들어 낼 수 있습니다. 인공지능도 데이터를 가지고 만들어 내는 것이니까요.

인공지능전문가에게
청소년들이 묻다

청소년들이 인공지능전문가에게
직접 물어보는 10가지 질문

구글 등 외국계 회사의 업무환경은 어떤가요?

외국계 회사는 대부분 자율출퇴근과 자율근무제를 기본적으로 지향하고 있어요. 집에서 일을 하더라도 업무의 성과를 낼 수 있다면 괜찮아요. 물론 동료들과 좀 더 밀접하게 소통하기 위해서 사무실에 나올 수도 있지만 장소의 제약은 크게 없어요.

그런데 흥미로운 점은 모두가 밤을 새워서 일을 한다는 거예요. 누구도 근무 시간을 체크하지 않지만 더 좋은 성과를 내기 위해서 모두가 많은 일을 하더라고요. 업무 강도가 높고 무제한의 자유가 주어지지만 그만큼 책임도 크다고 생각해요. 그래서 스트레스도 많이 받지만 그만큼 보상도 주어지죠.

교수와 CEO라는 직업을 병행하면서 느낀 점은 무엇인가요?

학교에 계시면서 창업을 하신 분들이 대부분 느끼는 거라고 생각되는데요. 교수와 CEO는 직업적 특성이 다르고, 서로 다른 능력과 스킬셋을 요구를 합니다. 두 가지 직업의 소재나 주제가 같아서 그런 것이지, 요구되는 역량은 굉장히 다르거든요.

CEO는 회사의 대표로서 조직을 이끌고 나가야 합니다. 이에 수반되는 다른 업무들, 예를 들면 회계, 재무, 노무도 처음 경험하는 거라 어렵기도 해요. 물론 새로운 걸 배우니까 재미있고 도전적으로 다가오기도 하죠. 무엇보다 내가 좋아하는 거랑 일이랑 같다는 점이 매력적이에요. 어떻게 보면 덕업일치죠. 실제로 저희 회사 직원들은 다 저 같은 사람들입니다. 모두 준 프로 뮤지션들이고요.

기업에서 인공지능을 사용하는 방법은 어떤가요?

학자들의 경우 기본 알고리즘을 개선하는 쪽에 가깝고, 기업에 있는 분들은 알고리즘을 하기도 하지만 요즘에는 대부분 오픈 소스로 나와 있는 것을 활용해요. 크라우드 소싱을 통해 오픈된 것을 발전시키고 개선하고 늘리거나, 논문을 쓰면서 상용적으로 쓸만한 것들을 기업이 취사선택해서 변형하고 적용하는 방향으로 AI솔루션이 나오고 있습니다. 특정 기업들은 자신만의 특화된 알고리즘을 만들어서 사용하기도 하지만 대부분 오픈된 알고리즘을 사용하고 있습니다.

인공지능연구원에서 강조하는 것은 무엇인가요?

인공지능연구원에서는 정부의 국책 연구과제나 대기업이 주는 기술개발 용역을 받아서 돈을 버는 것을 지양하고 있습니다. 거기에 의존하게 되면 우리만이 가진 차별성과 경쟁력을 가지기 어렵기 때문이죠. 남이 정해준 문제를 잘 푸는 것이 아니라, 남들이 생각하지 않고 세상이 필요한 가치 있는 문제를 스스로 만들어 푸는 의미 있는 일을 하려고 해요. 그러려면 폭넓게 보는 능력이 필요하죠. 뒤집어 보거나 늘 하던 것에서 의문을 가질 줄 알아야 하고, 질문을 할 수 있는 자, 문제를 만들 수 있는 자, 협력할 수 있는 자, 토론해서 결론을 도출할 수 있는 사람들이 필요해요.

기계와 달리 인간만이 가진 인간다움은 무엇일까요?

사랑입니다. 기계 인공지능은 감정이 없습니다. 사람은 감정을 가지고 있죠. 같이 있으면 즐거운 사랑이라는 감정처럼요. 생명체가 가지고 있는 속성인 생존이 감정으로 나타나게 되는데요, 기계는 도저히 가질 수 없습니다. 그래서 인간다움은 열심히 잘 살고 아름답게 살고 주위사람들과 즐겁게 사는 것이라고 생각해요.

네이버 AI Lab은 왜 필요한가요?

국내에도 여러 기업들이 인공지능을 하고 있습니다. 이중에 연구에 몰두하게 해주는 회사, 리서치 사이언티스트에게 투자하는 회사는 많지 않은 것 같아요. 돈을 벌어다 주는 분야가 아니거든요. 네이버는 인공지능 연구는 당연히 해야 한다고 여기고 세상은 인공지능이 기본 베이스라고 생각해요. 제조 기반 회사가 하기에는 힘든 일이죠. 네이버 웹툰, 스노우 어플 등 생활에 밀접한 자회사가 많고 투자도 과감히 하고 있어요. 해외의 경우 대표적으로 구글, 마이크로소프트가 과감한 투자를 통해 많은 발전을 이룬 상황이죠. 우리나라가 인공지능 강국이 되기 위해선 기술과 서비스를 연구·개발할 수 있도록 과감하게 투자하는 회사가 많아져야 합니다.

인공지능전문가의 직업적 특성이 무엇인가요?

인공지능연구자의 직업적 특성은 혼자서 하는 시간이 상대적으로 많다는 거예요. 반면 개발자는 팀으로 회의하는 시간이 많죠. 인공지능연구자는 자신의 아이디어를 논문으로 쓰는 거라 자유롭다고 생각할 수 있지만 간혹 어떤 어려움을 겪게 되면 혼자 해결해야만 하는 경우도 있습니다. 혼자 일하기 좋아하는 사람이라면 성과로 자연스럽게 연결될 것 같아요. 물론 연구에는 내 아이디어의 타당성을 검증하기 위해 동료들과 토론하는 과정은 필수입니다.

AI 전문가로서 전문성을 쌓기 위한 노력이 있다면 무엇인가요?

저는 온라인으로 계속 공부를 하고 있어요. 최신 정보들을 유튜브나 논문을 통해 많이 보는데요, 여기서 주의할 점은 유튜브를 볼 때 추천 콘텐츠뿐만 아니라, 스스로 검색하면서 다양한 콘텐츠를 찾아봐야 한다는 거예요. 유튜브는 내가 좋아하는 쪽으로만 콘텐츠를 추천하거든요. 그러나 전문성을 쌓거나 공부를 하기 위해서는 유튜브나 인공지능 엔진이 추천해주는 대로 흘러가서는 안돼요. 책과 온라인 자료들을 통해 공부를 하되, 내가 나아가야 할 방향으로 스스로 찾아보는 습관이 필요한 것 같아요.

한국IBM의 기업문화와 의사소통 방식은 무엇인가요?

IBM은 자유롭고 개인을 존중해주는 문화입니다. 입사했을 당시도 Respect for individual freedom이 인상 깊었고요. 저희처럼 연구하는 부서는 할 일을 주고 결과만 잘나온다면 개인에 대해서는 거의 간섭하지 않고 자유롭게 일할 수 있습니다. 개인은 무한한 가능성이 있고 잘할 수 있기 때문이죠. 불필요한 회의는 없애고 애자일(agile)을 추진해서 조직에 적용해가고 있습니다.

주말에 일하면 평일에 쉴 수 있고 출퇴근 시간과 재택근무도 자유롭습니다. 저는 IBM의 스스로 일하는 분위기 속에서 새로운 소프트웨어와 솔루션 개발이 너무 재미있어 자발적으로 공부하고 일하게 되는데요, 선순환이죠. 사무실 내 마사지 서비스, 안마 의자, 수면실, 샤워실, 카페 등을 유용하게 이용하고 있고, 가족 의료비 보상 같은 복지도 좋다고 생각합니다.

효율적인 시간관리와 건강관리 노하우가 무엇인가요?

KIST에서 연구에 몰두할 때는 연구실에서 제자들과 오랜 시간을 함께하고 귀가도 늦은 경우가 잦았는데요, 헌신적인 아내의 내조가 있어 전문성을 높일 수 있었습니다. 최근에는 가족들과 함께하는 시간을 많이 가지려고 노력하고 있습니다. 중고등학교 때 야구를 했었는데요, 요즘은 골프로 건강관리를 하고 있습니다. 건강을 잘 유지해서 제 나이보다 적은 타수의 골프 성적을 내보고 싶습니다.

CHAPTER

| 3 |

예비
인공지능전문가
아카데미

인공지능의 필수지식 「머신러닝과 딥러닝」

머신러닝(Machine Learning)

정의

머신러닝은 기계학습이라고도 한다. 인공지능의 연구 분야 중 하나로, 컴퓨터에 학습 능력을 부여하여, 사람이 학습하듯 컴퓨터에도 데이터들을 줘서 학습하게 함으로써 새로운 지식을 얻어내게 하는 분야이다. 즉, 머신러닝은 경험적 데이터를 통해 학습 및 예측을 하고, 스스로 성능을 향상시키는 시스템과 알고리즘을 연구하고 구축하는 기술이다.

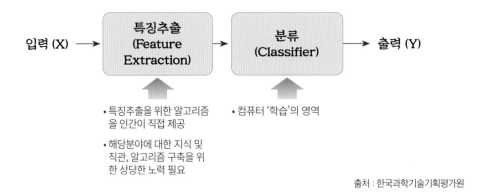

출처 : 한국과학기술기획평가원

역사

1959년 아서 사무엘(Arthur Samuel)은 "기계학습은 명시적으로 프로그램을 작성하지 않고 컴퓨터에 학습할 수 있는 능력을 부여하기 위한 연구 분야"라고 머신러닝에 대해 정의했다. 그 후 톰 미첼(Tom M. Mitchell)은 "컴퓨터 프로그램이 어떤 작업 T와 평가 척도 P에 대해서 경험 E로부터 학습한다는 것은, P에 의해 평가되는 작업 T에 있어서의 성능이 경험 E에 의해 개선되는 경우를 말한다."라고 정의했다.

알고리즘

머신 러닝 알고리즘은 학습 시스템에 정보 및 데이터를 입력하는 형태에 따라 크게 세 가지로 구분된다.

① **감독학습**(supervised learning)

입력과 출력으로 학습하며, 훈련된 데이터를 이용해 규칙을 유추하는 방법이다.

예) 상품을 고객이 구매할 확률, 수신메일이 스팸일 확률 등

② **비감독학습**(unsupervised learning)

출력 없이 입력만으로 학습하며, 특성이 비슷한 데이터를 합하여 하나의 집합으로 분류하는 방법이다.

예) 게임에 관심이 있는 사용자군과 같이 취미나 관심사에 대해 분류하는 경우

③ **강화학습**(reinforcement leanrning)

현재 상태를 인식하고, 선택 가능한 행동 중 가장 큰 보상을 얻는 행동을 선택하는 방법이다.

모델

① **의사 결정 나무**(Decision Tree)

나뭇가지처럼 계속 뻗어나가는 형태의 예측 모델이다.

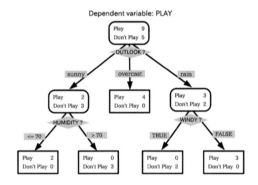

출처 : 위키백과

② **인공 신경망**(Neural Network)

생물의 신경 구조와 기능을 기반으로 한 모델이다.

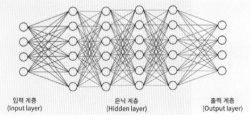

출처 : datalatte IT 블로그

③ **유전자 프로그래밍**(Genetic Programming)

생물의 진화 알고리즘을 바탕으로 한 모델이다.

$$\left(2.2 - \left(\frac{X}{11}\right)\right) + \left(7 * \cos(Y)\right)$$

④ **군집화**(Clustering)

관찰된 예시를 군집이라는 부분집합으로 분배하는 모델이다.

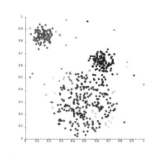

출처 : 위키백과

⑤ **몬테카를로 방법**(Monter Carlo method)

임의로 추출된 수들의 함수값을 확률로 계산하는 모델이다.

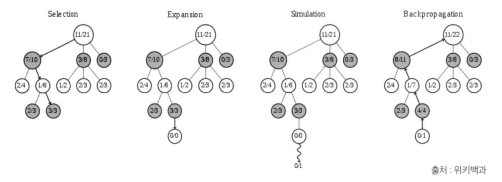

출처 : 위키백과

활용분야

머신 러닝은 컴퓨터 시각(문자, 물체 및 얼굴 인식), 자연어 처리(자동 번역, 대화 분석), 음성 인식, 필기 인식, 정보 검색, 검색 엔진(텍스트마이닝, 스팸 필터, 추출 및 요약, 추천 시스템), 생물 정보학(유전자 분석, 단백질 분류, 질병 진단), 컴퓨터 그래픽 및 게임(애니메이션, 가상현실), 로보틱스(경로 탐색, 무인 자동차, 물체 인식 및 분류) 등의 분야에서 사용되고 있다.

딥 러닝(Deep Learning)

정의

머신 러닝의 한 분야로 컴퓨터가 사람처럼 생각하고 배울 수 있도록 하는 기술로, 무수한 데이터 속에서 규칙을 발견하여 사물을 구분하는 인간두뇌의 정보처리 방식을 모방해 컴퓨터가 사물을 분별하도록 학습시키는 기술이다.

• 컴퓨터 '학습'의 영역

출처 : 한국과학기술기획평가원

역사

딥 러닝은 1980년 후쿠시마 쿠니히토(Kunihito Fukushima)가 소개한 네오코그니션에서 처음 등장하였다. 이후 1989년 얀 러쿤(Yann LeCun)이 손으로 쓴 우편번호 인식에 성공하였으나, 신경망 훈련에 3일이라는 긴 시간이 소요되어 실용화하지는 못하였다. 신경망 훈련의 긴 학습시간과 과적합 문제로 2000년까지는 딥러닝이 주목받지 못하다가 2006년 토론토대학교의 제프리 힌튼(Geoffrey Hinton)이 비감독학습을 이용해 정확성을 확보하는 방법을 개발하고, 2012년 개선된 기법을 객체 인식에 적용하여 오류율을 기존 대비 10% 가량 떨어뜨리면서 딥 러닝이 다시 주목을 받기 시작하였다. 이후 2012년 구글 브레인 팀은 클라우드 환경을 기반으로 방대한 양의 유튜브 비디오를 자동으로 분석하여 고양이 이미지를 찾아내는 데 성공하였다.

알고리즘

머신 러닝방법 중 신경망을 여러 층 쌓아 올려 모델을 구축하는 방법을 딥 러닝이라고 할 수 있다.

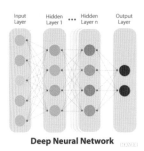

출처 : 네이버 지식백과

① **심층신경망**(DNN, Deep Neural Network)
입력층과 출력층 사이에 다중의 은닉층을
포함하는 모델이다.

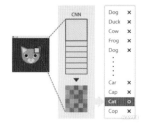

출처 : 네이버 지식백과

② **합성곱신경망**(CNN, Convolutional Neural Nerwork)
이미지 및 비디오 인식, 추천 시스템 및 자연언어
처리 등 시각적 영상을 분석하는 데 사용되는
다층의 피드-포워드적인 모델이다.

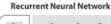

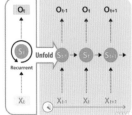

출처 : 네이버 지식백과

③ **순환신경망**(RNN, Recurrent Neural Network)
시간의 흐름에 따라 변화하는 데이터를 학습하기
위한 모델이다. 주로 언어 모델링, 텍스트 생성,
자동번역, 음성인식, 이미지 캡션 등 자연어처리
문제에 적용된다.

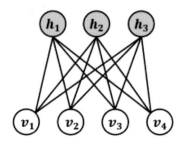

출처 : 위키백과

④ **제한볼츠만머신**(RBM, Restricted Blotzmann
Machine)
볼츠만 머신에서 중간 연결을 없앤 형태의 모델로,
입력 집합에 대한 확률 분포를 학습할 수 있다. 차
원축소, 분류, 회귀, 협업 필터링, 피쳐 엔지니어링,
토필 모델링 등에 유용하다.

활용분야

딥 러닝은 자율주행자동차, 이미지 및 음성 인식, 금융, 그림제작 등에 다양한 분야에서 활용되고 있
으며, 페이스북 같은 소셜 네트워크에서 사용자가 업로드한 이미지를 판별하는데에도 이용된다. 또,
구글 딥마인드(deep mind)의 인공지능 바둑 프로그램인 '알파고'도 딥 러닝이 사용된 인공지능이다.

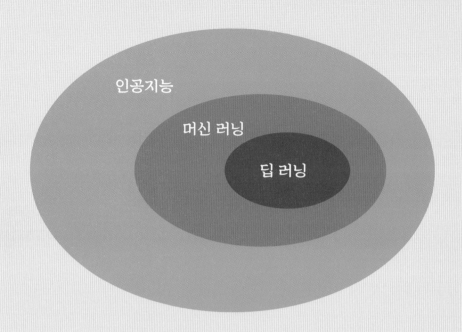

인공지능

머신 러닝

딥 러닝

　머신러닝과 딥 러닝은 모두 인공지능의 한 분야이자 컴퓨터가 학습을 통해 발전해간다는 공통점이 있지만, 스스로 학습을 할 수 있는지 없는지의 차이가 있다.

　머신러닝은 컴퓨터가 스스로 학습할 능력은 없지만, 사람이 입력한 데이터를 통해 학습을 하고, 딥 러닝은 컴퓨터가 사람이 학습할 데이터를 입력하지 않아도 스스로 학습하고 예측할 수 있다. 예를 들면 머신러닝은 사람이 보여준 다양한 고양이 사진을 통해 '고양이'를 학습한 후 새로운 고양이 사진을 보고 고양이라고 인식하게 되는 반면, 딥 러닝은 스스로 다양한 고양이 사진을 찾아봄으로써 고양이에 대해 학습한 후, 새로운 고양이 사진을 보고 고양이라고 인식한다.

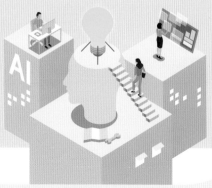

생활 속 인공지능 기술

자율주행자동차

운전자가 운전하지 않아도 자동으로 움직이는 자동차이다. 자동차를 스스로 움직일 수 있도록 해주는 대표적인 장치는 첨단 센서와 그래픽 처리 장치이다. 첨단 센서는 사물과 사물의 거리를 측정하고 위험을 감지하여 사각지대 없이 모든 지역을 볼 수 있도록 한다. 그래픽 처리 장치는 여러 대의 카메라를 통해 자동차의 주변 환경을 파악하고 이를 분석해서 자동차가 안전하게 갈 수 있도록 한다. 예를 들면 안전 표지판의 의미를 파악하거나 앞차가 급정거를 하지 않는지, 갑자기 사람이나 동물이 도로에 뛰어드는 것은 아닌지 등을 파악한다.

세부적인 핵심기술

무인자동차시스템, Actual system	- 실제 무인자동차 시스템을 구축하는 기술이다. - 가속기, 감속기, 조향장치를 무인화 운행에 맞도록 구현한다.
비전 센서	- 시각정보를 입력받고 처리한다. - 영상정보를 받아들인 후 필요한 정보를 추출해내는 기술이다.
통합관제 시스템, 운행감시 고장진단체계기술	- 차량의 운행을 감시하고, 상황에 따라 적절한 명령을 내리는 기술이다. - 시스템 고장을 진단하여 정보제공 및 경보 알림 등의 기능을 수행한다.
지능제어, 지능운행장치	- 운전자가 페달을 조작하지 않아도 스스로 속도를 조절한다.
차선이탈방지시스템	- 내부의 카메라를 통해 차선을 감지하여 차선 이탈 상황을 운전자에게 알려준다.
주차보조시스템	- 운전자가 어시스트 버튼을 누르고 후진기어를 넣은 후 브레이크 페달을 밟으면 후진 일렬주차를 도와주는 시스템이다.
자동주차시스템	- 운전자가 주차장 앞에서 차를 정지시키고 내린 후 리모컨 잠금 스위치를 2회 연속 누를 때 자동차가 스스로 경로를 계산해 주차를 하는 기술이다.
사각지대 정보 안내 시스템	- 자동차 측면에 장착된 센서를 통해 사각지대의 상황을 판단하여 운전자에게 알려주는 시스템이다.

출처: 위키백과

자율 주행 단계

국제자동차공학학회(SAE)는 자율주행시스템이 얼마나 운전에 관여하고 컨트롤하는지에 따라 자율주행단계를 6단계로 구분했다.

단계	구분	내용
0단계	수동	자율주행기술 없이 운전자가 운전한다.
1단계	운전자 보조	속도와 제동에 관여하여 운전자에게 알려준다.
2단계	부분 자율주행	자동차가 앞차와의 간격, 차선을 인식해 스스로 속도를 조절하고 유지한다.
3단계	조건적 자율주행	일정구간 자율주행이 가능하고, 운전자는 돌발 상황만 대비하면 된다.
4단계	고도화 자율주행	신호, 교통흐름, 속도, 안전성 등을 실시간 파악하여 길 안내대로 자율주행이 가능하다.
5단계	완전 자율주행	운전자는 탑승만 하면 될 정도로 자동차의 모든 기능이 자율화가 된 단계이다.

▶ 제너럴 모터스 자율주행자동차
출처 : GM크루즈

▶ 구글 웨이모
출처 : 구글 웨이모

지능형로봇

지능형로봇은 시각, 청각 등 감각 센서를 통해 외부 정보를 입력받아 스스로 판단하여 적절한 행동을 하는 로봇이다.

적용 기술

조작제어기술	물건을 잡고, 자유롭게 다루는 기술이다.
자율이동기술	자유롭게 이동할 수 있는 기술로, 바퀴형, 4족형, 2족형 등이 있다.
물체인식 기술	학습한 정보를 바탕으로 물체의 영상을 보고, 물체의 종류, 크기, 방향 위치 등 3차원적 공간정보를 실시간으로 알아내는 기술이다. 인공지능기술이 기반이 된다.
위치인식 기술	인공지능기술을 기반으로, 기계가 스스로 공간지각능력 지닐 수 있는 기술이다.
HRI 기술	인간과 기계의 인터페이스 기술로, 감정을 이해하는 인공감성기술, 생체와 인터페이스 바이오인터페이스 기술, 제스처인식 등을 통해 인간의 의도를 알아내는 기술로서, 인공지능기술과 BT기술이 융합된 기술이다.
센서 및 액츄에이터 기술	인공눈, 초소형 모터, 촉각센서, 인공피부, 마이크로 모터, 인공근육 등 다양한 소재와, 메커트로닉스적 융합기술이 구현되는 분야이다.

응용분야

- **가사지원로봇** : 진공청소, 정리정돈 등을 하는 청소로봇에서 주인을 알아보고 심부름을 하거나 식사준비를 하는 등 심부름로봇에 이르기까지 집안일을 도맡아 하는 로봇이다.
- **실버로봇** : 스스로 거동이 불편한 노인을 보조해 옷 갈아입히기, 배변보조, 이동보조 등 환자보조업무를 수행하며, 사람의 행동이나 얼굴표정까지 인식해 주인의 상태를 인식할 수 있는 로봇이다.
- **의료/헬스케어 로봇** : 수술, 재활, 간호/간병, 진단, 병원 물류 등 각종 의료분야에서 활동하는 로봇이다.
- **국방/안전 로봇** : 폭탄제거나 재난현장에서 사람을 구출하는 등 국방 및 안전과 관련된 활동을 하는 로봇이다.
- **해양/환경 로봇** : 인간이 갈 수 없는 심해를 탐사하고 자원과 에너지를 개발하며, 환경오염을 감시하고 정화시키는 로봇이다.

• 의료로봇, 다빈치 시스템

출처 : 더위키

다빈치 시스템은 복강경수술(절개 대신 배꼽주변, 2.5cm 미만의 한 구멍만으로 로봇 기구를 삽입하여 이루어지는 수술)로봇으로, 미국 인튜이티브 서지컬사가 1999년에 출시하였고, 로봇 수술 시스템으로는 최초로 FDA승인을 받았다. 현재 많은 나라에서 산부인과, 외과, 비뇨기과, 심장, 흉부외과 등의 여러 수술에 이용되고 있다. 로봇의 팔에 복강경 기구를 끼울 수 있는 팔이 달려있고, 조종 콘솔에서 의사가 조종을 하면 로봇에 팔이 움직여서 수술을 한다.

출처 : 인튜이티브서지컬

• 애완로봇, 아이보(AIBO)

▶ 초기 아이보 형태
출처 : 소니

소니에서 1999년 6월에 시판된 세계 최초의 애완용 로봇이다. AIBO라는 이름은 인공지능을 뜻하는 AI와 로봇의 BO를 뽑아 만든 합성어이다. 인공지능이 탑재되어 있어 기쁨, 슬픔, 성냄, 놀람, 공포, 혐오 등의 6개의 감성을 가지고 있고, 성애욕, 탐색욕, 운동욕, 충전욕 등 4개의 본능이 구현되어 있어 외부의 자극과 자신의 행동으로 인해 감성과 본능 수치가 항상 변화한다. 꾸준히 기능을 추가하여 새 모델을 출시하다가 2005년 판매 중지되었으나, 2018년 재출시하였다. 2018년 모델은 무게 2.2kg ,크기 30cm인 강아지 모습을 하고 있으며, OLED디스플레이로 만들어진 두 개의 눈을 통해 감정을 표현하고 사용자와 교감하는 특징을 가지고 있다.

▶ 신형 아이보 형태
출처 : 소니

• 휴머노이드로봇, 소피아

출처 : 헨슨로보틱스

소피아는 홍콩에 있는 미국 로봇 개발회사인 핸슨 로보틱스사가 2015년에 개발한 휴머노이드 인공지능(AI) 로봇이다. 소피아의 얼굴은 배우 오드리 햅번을 모델로 삼았고, 사람피부와 유사한 질감인 플러버로 피부를 만들었다. 총 62가지의 감정을 표현할 수 있고, 눈을 깜빡이거나 눈썹을 찌푸리는 등 다양한 표정을 지을 수 있으며, 눈에 있는 3D센서를 통해 사람을 인식하고 눈을 맞추고 고개를 움직이기도 한다. 딥 러닝 기술이 탑재되어 대화를 할수록 더 많은 데이터를 수집해 더 사람 같은 답변을 할 수 있다. 소피아는 2017년 사우디아라비아로부터 로봇 최초로 시민권을 부여받았고, 유엔, 뉴스, tv쇼 등 다양한 행사에도 참여하였다.

• 실버로봇, 실벗

실벗은 21세기 프린티어 지능로봇기술개발사업단이 개발한 실버로봇으로, 치매 예방에 도움을 주는 로봇이다. '실버 시대의 벗'이란 뜻으로 이름을 지었고, 표정과 음성으로 감정을 표현할 수 있다. 고령자 및 치매의 위험이 있는 어르신들을 대상으로, 치매 방지용 게임 등 두뇌 향상 콘텐츠를 제공하여 뇌 기능 활성화와 치매 예방에 도움을 준다.

출처 : 로보케어

• 가수로봇, 에버

에버(EveR 1, 2, 3)'는 2003년 한국생산기술연구원이 개발한 휴머노이드 로봇으로, 한국의 첫 안드로이드 로봇이다. 에버(EveR)는 구약성서에 나오는 인류 최초의 여성인 이브(Eve)와 로봇의 'R'을 합쳐서 만든 말이다. 키는 165cm이고 바퀴로 움직인다.

출처 : 네이버 지식백과

2009년 '에버 2(EveR-2)'는 국립극장 '달오름극장'에서 열린 '에버가 기가 막혀'라는 판소리 한 마당에서 한복을 입고 춘향전의 한 대목인 '사랑가'를 불렀다. 우주 로봇이 지구로 찾아와 명창 '왕기석' 선생에게 판소리를 배운다는 공연 내용으로, 상황에 맞는 대사를 구사하여 관객들을 놀라게 했다. 최신 모델은 얼굴 부분에 30개의 모터와 혀를 가지고 있어서 다양한 얼굴 표정을 지을 수 있고, 한국어와 영어로 대화를 나눌 수 있다.

인공지능스피커

인공지능스피커는 기존의 스피커에 인공지능 기능을 결합한 스피커이다. 기본적인 기능은 음성 인식을 통해 음악 감상, 정보 검색, 번역 및 음성비서 등을 수행한다. 다양한 종류의 인공지능 스피커가 존재하고 이들마다 독창적인 인터페이스와 기능을 갖추고 있어 보다 다양한 기능을 수행하기도 한다.

주된 입출력 장치는 마이크와 스피커로, 사용자가 음성기능을 활성화 한 후 음성 데이터를 녹음하고 처리할 수 있는 스마트폰과 달리, 인공지능스피커는 음소거 기능 사용을 제외하고는 상시 음성데이터를 녹음하고, 클라우드에 서버를 축적한다.

적용 기술

- **자동이득제어기술**

  잡음을 제거하고 음성만을 증폭시키는 기술이다.

- **잔향음 제거 기술**

  소리가 울리다가 그친 뒤에도 계속 들리는 잔향음을 제거하는 기술이다.

- **에코 제거 기술**

  막혀있는 공간에서 반사되어 돌아오는 에코를 제거하는 기술이다.

- **방향추정기술**

  사람의 위치 변화를 알아차리는 기술이다.

- **빔포밍 기술**

  방향이 특정된 후, 그 방향의 소리만 증폭되도록 빔 패턴을 편성해 음성을 강화시키고 잡음을 줄이는 기술이다.

인공지능 스피커 종류

- **아마존 에코**

  음악재생, 날씨확인 등 약 180여개의 명령을 수행할 수 있으며, 음성 명령만을 통해 아마존에서 제품을 주문할 수도 있다.

▶ 아마존 에코
출처 : 위키피디아

• 구글홈

구글 어시스턴트를 기반으로 하고 있으며, 구글 캘린더와 연동되어 있어 시간, 날짜 및 일정을 확인할 수 있으며, 날씨확인, 음악재생도 가능하다. 다른 기기와도 연결해서 사용할 수 있으며, 크롬캐스트와 연동해 음성인식으로 TV에서 동영상을 재생하거나 각종 스마트 홈 기기와 연동해 전등 켜기, 전원 차단, 에어컨 온도 조질 등을 할 수 있다.

▶ 구글홈
출처 : 위키피디아

• SK NUGU

기본적인 날씨, 음악, 뉴스 등의 서비스를 제공하며, SK의 BTV와 연동이 되고, 도미노피자, BBQ에서 배달도 가능하며, 11번가에서 상품을 주문할 수 있다.

▶ SK NUGU
출처 : SK NUGU

• KT 기가지니

카메라가 내장되어 있어 시청각 기반의 기능을 사용할 수 있다. 기가지니 자체가 TV 셋톱박스 기능을 해서 TV에 기가지니를 연결하여 홈 인공지능 서비스를 제공받을 수 있다.

▶ KT 기가지니   출처 : 나무위키

이밖에도 애플 홈팟, 마이크로소프트 인보크, 네이버 프렌즈, 카카오미니 등 다양한 인공지능 스피커가 있으며, 지속적으로 개발·개선된 제품들이 출시되고 있다.

톡톡 튀는 인공지능 기술

자살예방상담사

미국의 문자메세지 기반 24시간 위기 상담서비스인 '크라이시스 텍스트 라인(CTL)'이 도입한 인공지능 시스템으로, 인공지능을 통해 대화내용, 시간, 발신자 위치, 나이, 성별, 생년월일, 이용자 후기가 포함된 상담문자 등을 분석한다.

자연재해 예측

오재호 부경대 교수팀이 개발한 '알파멧'은 한국의 지형데이터를 기반으로 기상상황을 파악하고, 홍수나 해일 등 여러 자연재해를 예측한다.

그림 도우미

구글의 '오토드로우'는 그림을 그리면 인공지능이 사용자 의도를 짐작해 다양한 추천 그림을 제시한다. 추천 그림의 데이터베이스는 7명의 아티스트들의 협업을 통해 만들어서 아티스트별로 다양한 그림을 선택해 사용할 수 있다.

흑백사진을 컬러로

구글이 개발한 인공지능으로, 컴퓨터가 흑백사진의 점, 선, 면 정보를 분석해 기존 사물 정보와 합쳐서 컬러사진으로 바꾼다.

반려동물장난감

'고미랩스'에서 반려동물 장난감 '고미'를 개발했다. 인공지능 자율주행 장난감으로, 내장된 센서를 통해 반려동물의 움직임을 파악한다. 반려동물의 종, 나이, 성별 등을 분석해 건강 상태 등에 대한 정보를 앱을 통해 알려준다.

쇼핑 도우미

노스페이스가 IBM의 왓슨기술을 기반으로 개발한 '플루이드 리테일' 서비스는 소비자들의 온라인 쇼핑 경험에서 추출된 데이터를 분석하고 학습하여, 유통기업에게 고객의 쇼핑 참여도를 높이거나 쇼핑 전환율을 개선할 수 있는 서비스를 제공한다.

인간 vs. 인공지능

체스

인간 vs. 딥블루(Deep Blue), 디퍼블루(Deeper blue)

딥블루(Deep Blue)는 1989년 IBM에서 체스게임 용도로 개발한 컴퓨터로, 과거 100년간 열린 주요 체스경기의 기보와 유명 체스선수들의 경기 스타일 등이 내장되어 있으며, 1985년 미국 카네기멜론대가 개발한 '딥소트(Deep Thought)'를 바탕으로 개발되었다.

인공지능과 인간의 최초의 대결은 1996년 당시 11년째 세계챔피언인 러시아의 게리 카스파로프(Garry Kasparov)와의 체스대국에서 시작되었다. 첫 대국에서는 딥블루가 승리하였으나 이어진 다섯 번의 대국에서 3패 2무를 기록

▶ 딥블루
출처 : 위키백과

하여, 최종 1승 3패 2무로 딥블루가 카스파로프에 패배하였다.

이후 IBM은 1997년에 딥블루를 개선한 디퍼블루(Deeper Blue)를 선보였다. 디퍼블루는 다시 한 번 카스파로프와 체스대국을 펼쳤고, 2승 1패 3무로 디퍼블루가 승리하여 시간제한이 있는 정식 체스 토너먼트에서 세계 챔피언을 꺾은 최초의 컴퓨터가 되었다.

▶ 게리 카스파로프
출처 : 위키백과

딥블루(디퍼블루)는 총 512개의 프로세서를 가지고 1초 동안 1조번의 명령을 처리할 수 있었고, 20~30수 앞까지 내다볼 수 있었기에 이와 같은 승리를 쟁취했다고 볼 수 있다.

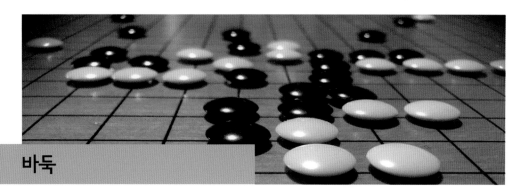

바둑

인간 vs. 알파고

▶ 알파고   출처 : 나무위키

알파고(AlphaGo)는 '구글 딥마인드(DeepMind)'가 개발한 컴퓨터 바둑 프로그램이다.

'알파고'라는 이름은 구글의 지주회사의 알파벳이자 그리스 문자의 최고를 의미하는 '알파(α)'와 '碁(바둑)'의 일본어 발음에서 유래한 영어 단어 'Go'를 뜻한다. 알파고는 인간의 두뇌와 같은 신경망 구조로 작동한다. 이 신경망은 다음에 둘 돌의 위치를 선택하는 '정책망(Policy Network)'과 승자를 예측하는 '가치망(Value Network)' 으로 이루어져 있다.

2015년 알파고는 유럽 바둑 챔피언십 (EGC)에서 3차례 우승한 중국의 판 후이(Fan Hui, 樊麾) 2단과의 대국에서 5승 무패로 승리하였다. 당시 핸디캡 없이 바둑기사를 이긴 최초의 컴퓨터 바둑 프로그램이 되었다.

▶ 이세돌
출처 : 위키백과

이후 2016년 세계 최상위 수준급의 프로 기사인 '이세돌' 9단과의 대국이 이루어졌다. 알파고는 1국에서 186수 백 불계승, 2국에서 211수 흑 불계승, 3국에서 176수 백 불계승을 거뒀고, 4국에서 이세돌 9단의 180수 백 불계승으로 패하였으나, 5국에서 다시 280수 백 불계승을 거두면서 알파고가 최종 4승 1패로 승리하였다.

2017년에는 당시 바둑 세계 랭킹 1위 프로 기사였던 커제(柯洁) 9단과의 대국과 중국 대표 5인과의 상담기(相談棋, 단체전)에서도 모두 승리하였다.

한국기원은 알파고가 정상의 프로기사 실력인 '입신'(入神)의 경지에 올랐다고 인정하여 '프로 명예 단증(9단)'을 수여하였고, 중국기원도 '프로기사 9단' 칭호를 부여했다.

알파고는 여러 대의 컴퓨터가 연결된 일종의 네트워크 컴퓨터로, 기존의 인공지능과 다르게 70만여 회에 이르는 바둑대국을 보며 스스로 학습했다는 점에서 의의가 있다.

컬링

인간 vs. 컬리

　컬리(Curly)는 2017년 과학기술정보통신부의 지원을 받은 인공지능(AI) 로봇 개발 컨소시엄 주관기관인 고려대학교에서 개발하였다. 컬리는 소프트웨어인 '컬브레인'과 하드웨어인 투구로봇 및 스킵로봇이 결합된 로봇으로, 먼저 스킵로봇이 헤드부에 장착된 카메라로 인식한 경기 영상을 컬브레인에 전송하고, 컬브레인은 이를 분석해 스톤을 어느 방향으로 얼마만큼의 강도로 던질 것인지를 판단하여 투구로봇에게 데이터를 전달하여 경기를 진행한다.

　컬리는 2018년 경기도 이천 대한장애인체육회 이천훈련원 컬링센터에서 열린 춘천기계공고팀과의 컬링 시범 경기에서 1 대 0으로 승리하였으나, 본 경기에서는 3 대 0으로 패배하였다. 로봇 팀은 스위핑 없이 던지기만 했고, 인간 팀은 스위핑까지 하는 방식으로 진행됐다. 이후 휠체어컬링 국가대표 상비군과 겨루어 3 대 1의 승리를 거두었다.

▶ 컬리　　　　　　　　　　출처 : 과학기술정보통신부 블로그

▶ 컬링　　　　　　　　　　출처 : 위키피디아

퀴즈대결

인간 vs. 왓슨

　왓슨은 IBM에서 2004년부터 개발한 대화형 인공지능 프로그램이다. 인간의 자연어로 묻는 질문에 대답할 수 있는 자연언어처리 기술 및 정보수집, 사고, 지식재현, 기계학습 기술을 활용하여 대화가 가능하다.

　왓슨은 2011년 IBM 창립 100주년을 기념해 미국의 TV 퀴즈쇼인 '제퍼디'에 출전하여, 당시 제퍼디에서 가장 많은 상금을 받은 '브래드 러터'와 총 74회의 연속 우승을 기록 보유한 켄 제닝스와 대결하였다. 왓슨은 경기가 치러지는 동안에는 인터넷에 연결되지 않았으나, 초반부터 승기를 잡았고 마지막까지 선두 자리를 놓치지 않으며 압도적인 차이로 승리하였다.

왓슨은 1초에 500기가바이트, 즉 책 100만권 분량의 데이터를 처리하였고, 사전, 백과사전, 참고문헌, 위키피디아를 포함해 4테라바이트에 달하는 2억 페이지 양의 구조화/비구조환된 데이터에 접근했다. 그리고 이 데이터들은 빠른 처리를 위해 하드디스크가 아니라 메모리에 저장되어 활용되었다. 이후 왓슨은 계속 개선되어 현재는 의료 및 다양한 분야에서 활용되고 있다.

▶ 왓슨 　　　　　　　　　　출처 : 위키피디아

▶ 제퍼디쇼 　　　　　　　　　출처 : 나무위키

탁구

인간 vs. 아길러스

아길러스(KR AGILUS)는 독일의 로봇제조업체 쿠카(KUKA)에서 개발한 로봇이다.

아길러스는 2014년 당시 세계랭킹 1위에도 올랐던 유럽 챔피언 출신인 티모 볼과 탁구경기를 펼쳤다. 이 경기는 중국 상하이에서 개최되었고, 쿠카가 중국에 공장을 짓는 기념이자 아길레스의 성능을 보여주기 위한 이벤트로 기획된 것이다. 아길러스는 초반에는 6대 0으로 앞섰으나, 결국 11대 9로 아슬아슬하게 패배하였다.

이후 쿠카는 다양한 시리즈의 아길러스를 출시하였고, 아길러스는 현재 산업분야에서 활발히 활용되고 있다.

▶ 아길러스
출처 : 쿠카 웹사이트

▶ 티모 볼
출처 : 위키피디아

포커

인간 vs. 리브라투스

리브라투스는 미국의 카네기멜론대학교의 연구진들이 개발한 인공지능으로, 2015년에 4명의 선수들과의 포커대결에서 4대 0으로 패배한 '클라우디코'를 개선한 것이다. 리브라투스는 게임에서 가능한 모든 경우보다 작고 해결하기 쉬운 게임의 개념을 계산한 후, 초기 라운드의 세부 전략 및 이후 라운드의 전략을 구체화하고, 게임 후반부에 플레이 상태에 따라 또 다른 세분화된 개념을 생성하는 방식으로 이루어진다.

리브라투스는 2017년 펜실베니아주 피크버그에서 열린 포커대회에서 '제이슨 레스(Jason Les)', '김동규(Dong Kyu Kim)', '다니엘 맥얼루이(Damiel McAlulay)', '지미추(Jimmy Chou)'라는 4명의 프로선수들과 대결을 펼쳤다. 경기방식은 '무제한 헤드업 텍사스 홀덤(no-limit heads-up Texas hold'em)'방식을 적용했으며, 가상칩을 사용하였다. 전문가들은 대회 시작 전 인간의 승리 확률을 높게 평가했으나, 리브라투스는 첫날 7만 4천만 달러를 획득하면서 초반부터 선두에 나섰고, 둘째 날에는 첫날의 두 배 이상의 칩을 땄으며, 경기가 끝나는 날 최종적으로 획득한 칩의 금액은 176만 달러(한화 약 20억원)였다.

리브라투스는 슈퍼컴퓨터를 활용해 시시각각 모든 경우의 수를 계산하였고, 뛰어난 '블러핑'(나쁜 패를 들고 있으면서도 높은 금액에 배팅하는 속임수) 기술을 통해 승리를 쟁취했다. 리브라투스는 포커의 규칙만이 입력된 상태에서 스스로 포커 기술을 터득했다는 점에서 의의가 있다.

▶ 리브라투스와 인간

출처 : 카네기멜론대학

인공지능 관련 대학 및 학과

정보통신공학과

일반대학교

지역	대학명	학과명
서울특별시	건국대학교(서울캠퍼스)	스마트ICT융합공학과
	경희사이버대학교	AI사이버보안전공
	고려대학교(본교)	컴퓨터·통신공학부
	광운대학교(본교)	전자통신공학과
	광운대학교(본교)	정보제어전공
	광운대학교(본교)	정보제어공학과
	광운대학교(본교)	정보콘텐츠학과
	광운대학교(본교)	정보공학전공
	국민대학교(본교)	정보시스템전공
	동국대학교(서울캠퍼스)	IT학부 정보통신공학전공
	서울과학기술대학교(본교)	전자IT미디어공학과
	서울디지털대학교	IT 및 문화예술계열
	성공회대학교(본교)	정보통신공학과
	성공회대학교(본교)	글로컬IT학과
	성균관대학교(본교)	인포매틱스융합전공
	성균관대학교(본교)	정보통신대학
	성신여자대학교(본교)	IT학부
	성신여자대학교(본교)	정보시스템공학과
	세종대학교(본교)	전자정보통신공학과
	세종대학교(본교)	정보통신공학전공
	세종대학교(본교)	정보통신공학과
	세종대학교(본교)	데이터사이언스학과
	숙명여자대학교(본교)	IT공학전공
	숭실대학교(본교)	전자정보공학부 IT융합전공
	숭실대학교(본교)	전자정보공학부 전자공학전공
	숭실대학교(본교)	정보통신전자공학부
	숭실사이버대학교	ICT공학부
	숭실사이버대학교	ICT공학과
	한국외국어대학교(본교)	정보통신공학과
	한성대학교(본교)	전자정보공학과
	한성대학교(본교)	정보시스템공학과
	한성대학교(본교)	정보통신공학과

지역	대학명	학과명
서울특별시	한성대학교(본교)	지식정보학부
	한양대학교(서울캠퍼스)	정보시스템학과
	한양대학교(서울캠퍼스)	정보융합전공
	한양사이버대학교	정보통신공학과
부산광역시	경성대학교(본교)	정보통신공학과
	동명대학교(본교)	정보통신공학과
	동서대학교(본교)	정보통신공학전공
	동서대학교(본교)	정보네트워크공학전공
	동의대학교	정보통신공학과
	동의대학교	데이터정보학과
	동의대학교	정보통신공학전공
	부경대학교(본교)	정보통신공학과
	부산대학교	정보컴퓨터공학부
	부산외국어대학교(본교)	임베디드IT학부
	부산외국어대학교(본교)	지능형IT융합학부
	부산외국어대학교(본교)	디지털미디어공학부(전자정보통신전공)
	부산외국어대학교(본교)	디지털미디어학부(전자정보통신전공)
	신라대학교(본교)	인터넷응용공학전공
	신라대학교(본교)	IT전공
	신라대학교(본교)	IT학과
	한국해양대학교(본교)	해사IT공학부
	한국해양대학교(본교)	IT공학부
	한국해양대학교(본교)	데이터정보학과
	한국해양대학교(본교)	전자통신공학전공
인천광역시	인천대학교(본교)	정보통신공학과
	인천대학교(본교)	정보전자공학과
	인천대학교(본교)	임베디드시스템공학과
	인하대학교(본교)	정보통신공학과
	인하대학교(본교)	정보공학계열
대전광역시	건양대학교(메디컬캠퍼스)	전자정보공학과
	대전대학교(본교)	전자·정보통신공학과
	대전대학교(본교)	정보통신공학과
	목원대학교(본교)	정보컨설팅학과
	목원대학교(본교)	정보통신융합학부
	배재대학교(본교)	정보통신공학과
	충남대학교(본교)	정보통신공학과
	충남대학교(본교)	전파정보통신공학과
	한국과학기술원	정보통신공학과
	한남대학교(본교)	정보통신공학과
	한밭대학교(본교)	정보통신공학과
광주광역시	광주대학교(본교)	정보통신학과
	남부대학교(본교)	IT공학과
	조선대학교(본교)	정보통신공학과
	조선대학교(본교)	정보통신공학부(임베디드보안전공)

지역	대학명	학과명
광주광역시	조선대학교(본교)	정보통신공학부(정보통신공학전공)
	호남대학교	이동통신공학과
	호남대학교	정보통신공학과
경기도	가톨릭대학교(본교)	정보통신전자공학부
	가톨릭대학교(본교)	정보시스템공학전공
	가톨릭대학교(본교)	정보통신전자공학전공
	대진대학교(본교)	휴먼IT융합학부
	명지대학교(자연캠퍼스)	정보통신공학과
	성결대학교(본교)	정보통신공학과
	성결대학교(본교)	정보통신공학부
	수원대학교(본교)	정보통신학부
	수원대학교(본교)	정보통신공학과
	수원대학교(본교)	정보통신공학
	수원대학교(본교)	정보통신
	안양대학교(안양캠퍼스)	정보통신공학과
	중앙대학교(안성캠퍼스)	정보시스템학과
	평택대학교(본교)	데이터정보학과
	평택대학교(본교)	디지털응용정보학과
	평택대학교(본교)	정보통신학과
	한국산업기술대학교(본교)	정보통신기술공학과
	한국산업기술대학교(본교)	ICT융합공학과
	한국항공대학교(본교)	항공전자정보공학부
	한세대학교(본교)	IT융합학과
	한세대학교(본교)	정보통신공학전공
	한세대학교(본교)	ICT디바이스학과
	한신대학교(본교)	정보통신학과
	한신대학교(본교)	정보통신학부
	한신대학교(본교)	정보통신학전공
	한양대학교(ERICA캠퍼스)	국방정보공학과
	한양대학교(ERICA캠퍼스)	전자통신공학과
강원도	가톨릭관동대학교(본교)	정보통신공학과
	가톨릭관동대학교(본교)	정보통신공학전공
	강릉원주대학교(원주캠퍼스)	정보통신공학과
	강릉원주대학교(원주캠퍼스)	정보기술공학과
	강원대학교(본교)	전자통신공학전공
	강원대학교(삼척캠퍼스)	정보통신공학전공
	강원대학교(삼척캠퍼스)	전자정보통신공학부
	경동대학교(본교)	IT공학부
	경동대학교(본교)	IT융복합학과
	상지대학교(본교)	정보통신공학과
	연세대학교(원주캠퍼스)	정보통신공학전공
	한라대학교(본교)	디지털방송공학전공
	한라대학교(본교)	정보통신방송공학과
	한라대학교(본교)	정보통신소프트웨어학과

지역	대학명	학과명
강원도	한림대학교(본교)	IT계열
충청북도	극동대학교(본교)	항공IT융합학과
	서원대학교(본교)	정보통신공학과
	세명대학교(본교)	정보통신학부
	유원대학교(본교)	스마트IT학과
	청주대학교(본교)	정보통신공학전공
	충북대학교(본교)	정보통신공학부
	한국교통대학교(본교)	정보통신·로봇공학전공
	한국교통대학교(본교)	정보통신공학전공
	한국교통대학교(본교)	정보통신공학과
	한국교통대학교(본교)	IT응용융합학과
충청남도	건양대학교(본교)	융합IT학부
	건양대학교(본교)	융합IT학과
	공주대학교(본교)	정보통신공학전공
	공주대학교(본교)	정보통신공학부
	나사렛대학교(본교)	정보통신학과
	나사렛대학교(본교)	IT학부
	남서울대학교(본교)	징보동신공학과
	백석대학교(본교)	ICT학부
	백석대학교(본교)	정보통신학부
	상명대학교(천안캠퍼스)	정보통신공학과
	상명대학교(천안캠퍼스)	스마트정보통신공학과
	선문대학교(본교)	IT 교육학부
	선문대학교(본교)	정보통신공학과
	순천향대학교(본교)	정보통신공학과
	순천향대학교(본교)	전자정보공학과
	중부대학교(본교)	정보통신학과
	한국기술교육대학교(본교)	정보기술공학부
	한국기술교육대학교(본교)	전기·전자·통신공학부
	호서대학교	정보통신공학부
	호서대학교	해양IT공학전공
	호서대학교	ICT공학부
	호서대학교	정보통신공학전공
전라북도	군산대학교(본교)	정보통신공학과
	군산대학교(본교)	IT정보제어공학부(IT융합통신공학전공)
	군산대학교(본교)	전자정보공학부(정보통신전파공학전공)
	우석대학교(본교)	IT전자융합공학과
	우석대학교(본교)	정보기술학과
	원광대학교(본교)	정보통신공학과
	전북대학교(본교)	IT정보공학과
	전북대학교(본교)	전자정보공학부 컴퓨터공학전공
	전북대학교(본교)	융합기술공학부 정보기술융합공학전공
	전북대학교(본교)	응용시스템공학부(정보공학전공)
	전주대학교(본교)	정보통신공학전공

지역	대학명	학과명
전라북도	전주대학교(본교)	정보시스템전공
	전주대학교(본교)	스마트정보시스템전공
	전주대학교(본교)	정보통신공학과
전라남도	동신대학교(본교)	에너지IoT전공
	동신대학교(본교)	정보통신공학과
	목포대학교(본교)	정보전자공학과
	목포대학교(본교)	전자·정보통신공학과
	목포대학교(본교)	전자·정보통신공학과(정보통신공학심화트랙)
	목포대학교(본교)	정보통신공학과
	순천대학교(본교)	정보통신·멀티미디어공학부(정보통신공학전공)
	순천대학교(본교)	정보통신·멀티미디어공학부(멀티미디어공학전공)
	순천대학교(본교)	정보통신·멀티미디어공학부
경상북도	경운대학교(본교)	항공정보통신공학과
	금오공과대학교(본교)	전자통신전공
	금오공과대학교(본교)	정보전자전공
	금오공과대학교(본교)	메디컬IT융합공학과
	금오공과대학교(본교)	IT융합학과
	김천대학교(본교)	IT융복합공학과
	대구가톨릭대학교(효성캠퍼스)	IT공학부
	대구가톨릭대학교(효성캠퍼스)	정보통신공학전공
	대구가톨릭대학교(효성캠퍼스)	정보통신융합공학전공
	대구대학교(경산캠퍼스)	정보통신공학부(임베디드시스템공학전공)
	대구대학교(경산캠퍼스)	컴퓨터·IT공학부(정보공학전공)
	대구대학교(경산캠퍼스)	정보통신공학부(통신공학전공)
	대구대학교(경산캠퍼스)	IT융합학과
	대구대학교(경산캠퍼스)	정보통신공학부
	대구대학교(경산캠퍼스)	정보통신공학부(멀티미디어공학전공)
	대구사이버대학교	전자정보통신공학과
	동국대학교(경주캠퍼스)	ICT·빅데이터학부(공학)
	동국대학교(경주캠퍼스)	전자·정보통신공학전공
	동국대학교(경주캠퍼스)	정보통신공학과
	동국대학교(경주캠퍼스)	전자·정보통신공학과
	동양대학교(본교)	정보통신공학과
	동양대학교(본교)	정보통신공학부
	동양대학교(본교)	사이버정보전학과
	안동대학교(본교)	정보통신공학과
	영남대학교(본교)	정보통신공학과
	위덕대학교(본교)	IT융합학과
	위덕대학교(본교)	철강IT융합전공
	위덕대학교(본교)	전자정보통신공학전공
	포항공과대학교(본교)	창의IT융합공학과
경상남도	경남대학교(본교)	정보통신공학과
	경상대학교	정보통신공학과
	인제대학교(본교)	정보통신공학과

지역	대학명	학과명
경상남도	창원대학교(본교)	정보통신공학과
제주특별자치도	제주대학교(본교)	통신공학과
	제주대학교(본교)	전파정보통신공학전공
세종특별자치시	고려대학교(세종캠퍼스)	문화ICT융합전공
	고려대학교(세종캠퍼스)	전자및정보공학과

전문대학교

지역	대학명	학과명
서울특별시	동양미래대학교	정보통신공학과
	명지전문대학	정보통신공학과
	배화여자대학교	스마트IT과
	배화여자대학교	스마트IT학과
	서일대학교	정보통신과
	서일대학교	정보통신공학과
	인덕대학교	정보통신과
	인덕대학교	정보통신공학과
	한국폴리텍 I 대학(서울정수캠퍼스)	정보통신시스템과
	한국폴리텍 I 대학(서울정수캠퍼스)	모바일정보통신과
	한국폴리텍 I 대학(서울강서캠퍼스)	데이터분석과
	한양여자대학교	스마트IT계
부산광역시	경남정보대학교	전자정보통신계열
	경남정보대학교	정보통신과
	경남정보대학교	전자통신과
	동부산대학교	전자정보통신과
	동의과학대학교	전자통신과
	동의과학대학교	전자통신공학과
	부산과학기술대학교	정보통신과
	부산과학기술대학교	항공전자통신과
	부산과학기술대학교	전자통신공학과
	부산과학기술대학교	전자통신과
	한국폴리텍Ⅶ대학(부산캠퍼스)	정보통신홈네트워크과
	한국폴리텍Ⅶ대학(부산캠퍼스)	정보통신시스템과
	한국폴리텍Ⅶ대학(부산캠퍼스)	IT융합제어과
인천광역시	경인여자대학교	스마트IT과
	인천재능대학교	정보통신과
	인하공업전문대학	정보통신과
	한국폴리텍 II 대학(인천캠퍼스)	정보통신과
	한국폴리텍 II 대학(인천캠퍼스)	정보통신공학과
대전광역시	대덕대학교	정보통신계열
	대덕대학교	정보통신학과
	대덕대학교	IPTV서비스과(2년제)

지역	대학명	학과명
대전광역시	대덕대학교	사이버정보과
	대덕대학교	항공정보통신학과
	대전보건대학교	의료IT융합학과
	한국폴리텍IV대학(대전캠퍼스)	정보통신시스템과
	한국폴리텍IV대학(대전캠퍼스)	유비쿼터스통신과
대구광역시	계명문화대학교	전자정보통신과
	대구공업대학교	전자정보통신과
	영진전문대학교	전자정보통신계열
	영진전문대학교	전자정보통신공학과
울산광역시	울산과학대학교	IT융합학과
	한국폴리텍VII대학(울산캠퍼스)	스마트융합제어과
	한국폴리텍VII대학(울산캠퍼스)	정보통신시스템과
광주광역시	동강대학교	스마트무인항공과
	서영대학교	스마트IT과
	조선이공대학교	정보통신과
경기도	ICT폴리텍대학	스마트통신학과
	ICT폴리텍대학	모바일통신학과
	ICT폴리텍대학	정보통신학과
	경기과학기술대학교	전자통신공학과
	경기과학기술대학교	전자통신과(e-MU)
	경기과학기술대학교	전자통신과
	경기과학기술대학교	컴퓨터모바일융합과
	경민대학교	정보통신학과
	경민대학교	정보통신과
	경복대학교	스마트IT과
	경복대학교	스마트IT과(자연과학)
	국제대학교	전자정보통신공학과
	국제대학교	IT계열
	국제대학교	정보통신공학과
	김포대학교	정보통신과
	김포대학교	정보통신공학과
	대림대학교	전자통신과
	대림대학교	모바일인터넷과
	대림대학교	모바일인터넷학과
	대림대학교	전자통신전공
	대림대학교	전자통신공학과
	동서울대학교	네트워크통신보안전공
	동서울대학교	ICT융합전공
	동서울대학교	정보통신과
	동원대학교	정보통신과
	두원공과대학교	스마트IT과
	두원공과대학교	스마트IT학과
	두원공과대학교	정보통신과(3년)
	두원공과대학교	정보통신공학과

지역	대학명	학과명
경기도	부천대학교	정보통신공학과
	부천대학교	정보통신과
	부천대학교	모바일통신과
	수원과학대학교	정보통신과
	수원여자대학교	모바일미디어과
	신구대학교	정보통신전공
	신구대학교	모바일IT전공
	신구대학교	웹IT전공
	신안산대학교	전자정보통신과
	여주대학교	국방통신과
	여주대학교	정보통신과
	여주대학교	항공전자통신과
	연성대학교	정보통신과(3년)
	오산대학교	스마트IT과
	용인송담대학교	정보통신과
	용인송담대학교	정보통신전공
	유한대학교	정보통신과
	유한대학교	ICT융합과 유비쿼터스영상보안전공
	유한대학교	정보통신공학과 정보통신전공
	유한대학교	ICT융합과 스마트커뮤니케이션전공
	유한대학교	정보통신과(3년제)
	청강문화산업대학교	모바일통신전공
	한국폴리텍 I 대학(성남캠퍼스)	전자정보통신과
강원도	강릉영동대학교	정보통신과
	강원도립대학교	정보통신과
	상지영서대학교	국방정보통신과
	상지영서대학교	국방정보통신공학과
	한림성심대학교	정보통신네트워크학과
	한림성심대학교	정보통신네트워크과
충청북도	충북보건과학대학교	정보통신부사관과
	충청대학교	디지털전자통신과
	충청대학교	국방정보통신과
	충청대학교	전자컴퓨터학부 컴퓨터정보전공
	충청대학교	전자컴퓨터학부 전자통신전공
	한국폴리텍IV대학(청주캠퍼스)	정보통신시스템과
충청남도	신성대학교	정보통신과
	한국폴리텍IV대학(아산캠퍼스)	정보통신시스템과
전라북도	전북과학대학교	스마트정보과
	전주비전대학교	정보통신과
	전주비전대학교	IT융합시스템과
	한국폴리텍V대학(김제캠퍼스)	정보통신시스템과
	한국폴리텍V대학(김제캠퍼스)	유비쿼터스시스템과
전라남도	순천제일대학교	IT · 산업융합과
	순천제일대학교	전자정보통신과

지역	대학명	학과명
전라남도	전남과학대학교	해군통신레이더과
	전남과학대학교	특수통신과
	전남과학대학교	e-MU 특수통신과
	전남과학대학교	특수통신공학과(e-MU)
	전남도립대학교	정보통신과
	전남도립대학교	스마트에너지정보통신과
	한국폴리텍V대학(목포캠퍼스)	스마트정보통신과
경상북도	가톨릭상지대학교	전자통신과
	구미대학교	스마트IoT공학부
	구미대학교	전자통신컴퓨터공학부
	구미대학교	전자통신학과
	구미대학교	전자통신과
	선린대학교	정보통신과
	선린대학교	특수인텔시스템과
	포항대학교	국방전자통신과
	한국폴리텍VI대학(구미캠퍼스)	IT응용용제어과
경상남도	거제대학교	글로벌IT학과
	마산대학교	전자통신과
	연암공과대학교	스마트융합계열
	창원문성대학교	항공전자통신과
제주특별자치도	제주한라대학교	정보통신계열
	제주한라대학교	통신컴퓨터공학과
	제주한라대학교	정보통신과

컴퓨터공학과

일반대학교

지역	대학명	학과명
서울특별시	건국대학교(서울캠퍼스)	컴퓨터공학과
	건국대학교(서울캠퍼스)	컴퓨터공학부
	경희대학교(본교-서울캠퍼스)	컴퓨터공학과
	경희사이버대학교	컴퓨터정보통신공학전공
	고려대학교(본교)	컴퓨터학과
	광운대학교(본교)	컴퓨터공학전공
	광운대학교(본교)	데이터사이언스전공
	광운대학교(본교)	컴퓨터정보공학부
	광운대학교(본교)	컴퓨터공학과
	국민대학교(본교)	컴퓨터공학전공
	덕성여자대학교(본교)	컴퓨터공학과

지역	대학명	학과명
서울특별시	덕성여자대학교(본교)	컴퓨터학과
	동국대학교(서울캠퍼스)	컴퓨터정보통신공학부 컴퓨터공학전공
	동국대학교(서울캠퍼스)	컴퓨터정보통신공학부 정보통신공학전공
	동국대학교(서울캠퍼스)	IT학부 컴퓨터공학전공
	동국대학교(서울캠퍼스)	컴퓨터공학과
	동덕여자대학교(본교)	컴퓨터학과
	삼육대학교(본교)	컴퓨터·메카트로닉스공학부
	삼육대학교(본교)	컴퓨터학부
	삼육대학교(본교)	IT융합공학과
	서강대학교(본교)	컴퓨터공학전공
	서경대학교(본교)	컴퓨터공학과
	서울과학기술대학교(본교)	컴퓨터공학과
	서울대학교	컴퓨터공학부
	서울디지털대학교	IT공학부(컴퓨터공학과)
	서울디지털대학교	컴퓨터공학과
	서울사이버대학교	컴퓨터공학과
	서울여자대학교(본교)	컴퓨터학과
	성공회대학교(본교)	컴퓨터공학과
	성공회대학교(본교)	IT융합자율학부
	성균관대학교(본교)	데이터사이언스융합전공
	성균관대학교(본교)	컴퓨터공학과
	성신여자대학교(본교)	컴퓨터공학과
	세종대학교(본교)	컴퓨터공학전공
	세종대학교(본교)	컴퓨터공학과
	숭실대학교(본교)	컴퓨터학부
	이화여자대학교(본교)	컴퓨터공학전공
	이화여자대학교(본교)	컴퓨터공학과
	중앙대학교(서울캠퍼스)	컴퓨터공학부(컴퓨터공학전공)
	한국열린사이버대학교	컴퓨터정보학과
	한국외국어대학교(본교)	컴퓨터공학과
	한성대학교(본교)	컴퓨터공학부
	한성대학교(본교)	지식서비스&컨설팅 연계전공
	한성대학교(본교)	IT융합공학부
	한성대학교(본교)	컴퓨터공학과
	한양대학교(서울캠퍼스)	컴퓨터전공
	한양사이버대학교	컴퓨터공학과
	홍익대학교(서울캠퍼스)	정보·컴퓨터공학부 컴퓨터공학전공
	홍익대학교(서울캠퍼스)	정보·컴퓨터공학부
부산광역시	경성대학교(본교)	컴퓨터공학과
	동명대학교(본교)	컴퓨터공학과
	동서대학교(본교)	컴퓨터&인터넷공학전공
	동서대학교(본교)	컴퓨터공학전공
	동서대학교(본교)	컴퓨터공학부
	동아대학교(승학캠퍼스)	컴퓨터공학과

지역	대학명	학과명
부산광역시	동아대학교(승학캠퍼스)	전기·전자·컴퓨터공학부 컴퓨터공학과
	동의대학교	산업ICT기술공학전공
	동의대학교	컴퓨터응용공학부
	동의대학교	컴퓨터공학전공
	동의대학교	컴퓨터공학과
	동의대학교	컴퓨터공학부
	부경대학교(본교)	컴퓨터공학과
	부산가톨릭대학교(본교)	컴퓨터공학과
	부산대학교	전기컴퓨터공학부 정보컴퓨터공학전공
	부산외국어대학교(본교)	컴퓨터공학과
	부산외국어대학교(본교)	동남아창의융합학부(언어처리창의융합전공)
	신라대학교(본교)	컴퓨터정보공학부
	신라대학교(본교)	컴퓨터공학과
	신라대학교(본교)	컴퓨터공학전공
	한국해양대학교(본교)	컴퓨터정보공학전공
	한국해양대학교(본교)	제어자동화공학부(IT융합전공)
인천광역시	안양대학교(강화캠퍼스)	컴퓨터학과
	인천대학교(본교)	컴퓨터공학부
	인하대학교(본교)	컴퓨터공학과
대전광역시	건양대학교(메디컬캠퍼스)	컴퓨터학과
	대전대학교(본교)	컴퓨터공학과
	목원대학교(본교)	융합컴퓨터·미디어학부
	배재대학교(본교)	컴퓨터공학과
	충남대학교(본교)	컴퓨터공학과
	충남대학교(본교)	컴퓨터전공
	충남대학교(본교)	컴퓨터융합학부
	한국과학기술원	전산학부
	한남대학교(본교)	컴퓨터통신무인기술학과
	한남대학교(본교)	컴퓨터공학과
	한밭대학교(본교)	컴퓨터공학과
대구광역시	경북대학교(본교)	컴퓨터학부
	경북대학교(본교)	컴퓨터정보학부 컴퓨터시스템공학전공
	계명대학교	컴퓨터공학전공
울산광역시	울산대학교(본교)	IT융합전공
	울산대학교(본교)	IT융합학부
광주광역시	광주대학교(본교)	컴퓨터공학과
	광주대학교(본교)	컴퓨터정보공학부 컴퓨터공학전공
	광주대학교(본교)	컴퓨터정보공학부 정보통신학전공
	송원대학교(본교)	컴퓨터정보학과
	조선대학교(본교)	컴퓨터공학과
	호남대학교	컴퓨터공학과
경기도	가천대학교(글로벌캠퍼스)	컴퓨터공학과
	가톨릭대학교(본교)	컴퓨터공학전공
	가톨릭대학교(본교)	컴퓨터징보공학부

지역	대학명	학과명
경기도	강남대학교(본교)	컴퓨터미디어정보공학부
	강남대학교(본교)	산업데이터사이언스학부
	경기대학교(본교)	컴퓨터공학부
	경동대학교(메트로폴캠퍼스)	컴퓨터공학과
	단국대학교(죽전캠퍼스)	응용컴퓨터공학과
	단국대학교(죽전캠퍼스)	컴퓨터학부
	대진대학교(본교)	컴퓨터공학전공
	명지대학교(자연캠퍼스)	컴퓨터공학과
	성결대학교(본교)	컴퓨터공학부
	성결대학교(본교)	컴퓨터공학과
	수원대학교(본교)	컴퓨터학부
	수원대학교(본교)	컴퓨터학
	수원대학교(본교)	컴퓨터학과
	신경대학교(본교)	컴퓨터학과
	신한대학교(동두천캠퍼스)	컴퓨터공학전공
	신한대학교(동두천캠퍼스)	IT융합공학부
	안양대학교(안양캠퍼스)	컴퓨터공학전공
	안양대학교(안양캠퍼스)	컴퓨터공학과
	용인대학교(본교)	컴퓨터정보학과
	평택대학교(본교)	컴퓨터학과
	한경대학교(본교)	컴퓨터공학과
	한국산업기술대학교(본교)	컴퓨터융합공학과
	한국산업기술대학교(본교)	컴퓨터공학부(컴퓨터공학전공)
	한국산업기술대학교(본교)	컴퓨터공학부
	한신대학교(본교)	컴퓨터공학전공
	한신대학교(본교)	컴퓨터공학부
	한양대학교(ERICA캠퍼스)	컴퓨터전공
	한양대학교(ERICA캠퍼스)	컴퓨터공학과
	협성대학교(본교)	컴퓨터공학과
강원도	가톨릭관동대학교(본교)	컴퓨터공학전공
	가톨릭관동대학교(본교)	컴퓨터학과
	가톨릭관동대학교(본교)	컴퓨터공학과
	강릉원주대학교(원주캠퍼스)	컴퓨터공학과
	강원대학교(삼척캠퍼스)	컴퓨터공학과
	강원대학교(삼척캠퍼스)	컴퓨터 · 미디어 · 산업공학부 컴퓨터공학전공
	강원대학교(본교)	컴퓨터전공
	강원대학교(본교)	컴퓨터학부
	강원대학교(본교)	컴퓨터정보통신공학전공
	경동대학교(본교)	컴퓨터응용학과
	경동대학교(본교)	컴퓨터공학과
	상지대학교(본교)	컴퓨터공학과
	상지대학교(본교)	컴퓨터정보공학부
	연세대학교(원주캠퍼스)	컴퓨터정보통신공학부
	연세대학교(원주캠퍼스)	컴퓨터공학전공
	한라대학교(본교)	컴퓨터공학과

지역	대학명	학과명
강원도	한림대학교(본교)	컴퓨터공학과
충청북도	건국대학교(GLOCAL캠퍼스)	컴퓨터공학전공
	건국대학교(GLOCAL캠퍼스)	컴퓨터공학과
	서원대학교(본교)	컴퓨터공학과
	세명대학교(본교)	컴퓨터학부
	유원대학교(본교)	IT융합학부
	유원대학교(본교)	스마트IT전공
	중원대학교(본교)	컴퓨터시스템공학과
	중원대학교(본교)	컴퓨터공학과
	청주대학교(본교)	소프트웨어융합학부
	청주대학교(본교)	컴퓨터정보공학과
	충북대학교(본교)	컴퓨터공학과
	한국교통대학교(본교)	컴퓨터공학전공
	한국교통대학교(본교)	컴퓨터정보기술공학부
	한국교통대학교(본교)	컴퓨터정보공학전공
	한국교통대학교(본교)	컴퓨터공학과
	한국교통대학교(본교)	컴퓨터정보공학과
충청남도	공주대학교(본교)	컴퓨터공학부
	공주대학교(본교)	컴퓨터공학전공
	나사렛대학교(본교)	IT융합학부
	상명대학교(천안캠퍼스)	컴퓨터시스템공학과
	상명대학교(천안캠퍼스)	컴퓨터공학과
	선문대학교(본교)	컴퓨터공학부
	선문대학교(본교)	컴퓨터공학과
	순천향대학교(본교)	컴퓨터공학과
	순천향대학교(본교)	사물인터넷학과
	중부대학교(본교)	컴퓨터학과
	청운대학교(본교)	컴퓨터공학과
	청운대학교(본교)	컴퓨터학과
	한국기술교육대학교(본교)	컴퓨터공학부
	한서대학교(본교)	컴퓨터공학과
	한서대학교(본교)	항공컴퓨터전공
	한서대학교(본교)	컴퓨터정보공학과
	호서대학교	컴퓨터공학전공
	호서대학교	컴퓨터정보공학부
전라북도	군산대학교(본교)	컴퓨터정보통신공학부(컴퓨터정보공학전공)
	군산대학교(본교)	컴퓨터정보통신공학부(정보통신공학전공)
	군산대학교(본교)	컴퓨터정보공학과
	우석대학교(본교)	컴퓨터공학과
	원광대학교(본교)	컴퓨터공학과
	전북대학교(본교)	IT정보공학부(컴퓨터시스템공학전공)
	전북대학교(본교)	컴퓨터공학부
	전북대학교(본교)	컴퓨터공학부 컴퓨터공학전공
	전주대학교(본교)	컴퓨터공학과
	호원대학교(본교)	전자계산학과

지역	대학명	학과명
전라북도	호원대학교(본교)	컴퓨터공학과
	호원대학교(본교)	컴퓨터학부
전라남도	동신대학교(본교)	컴퓨터학과
	목포대학교(본교)	컴퓨터공학과
	순천대학교(본교)	컴퓨터공학과
	전남대학교(여수캠퍼스)	전기·전자통신·컴퓨터공학부
	초당대학교(본교)	IT융합학부
경상북도	경운대학교(본교)	컴퓨터공학과
	경운대학교(본교)	항공컴퓨터학과
	경일대학교(본교)	컴퓨터공학과
	금오공과대학교(본교)	컴퓨터IT학과
	금오공과대학교(본교)	컴퓨터공학전공
	금오공과대학교(본교)	컴퓨터공학과
	대구가톨릭대학교(효성캠퍼스)	컴퓨터공학전공
	대구대학교(경산캠퍼스)	컴퓨터정보공학부
	대구대학교(경산캠퍼스)	컴퓨터정보공학부(컴퓨터공학전공)
	대구한의대학교(삼성캠퍼스)	스마트IT전공
	동국대학교(경주캠퍼스)	컴퓨터학전공
	동국대학교(경주캠퍼스)	컴퓨터공학전공
	동국대학교(경주캠퍼스)	컴퓨터공학과
	동양대학교(본교)	컴퓨터정보전학과
	동양대학교(본교)	컴퓨터학과
	동양대학교(본교)	컴퓨터공학부
	동양대학교(본교)	컴퓨터학부
	안동대학교(본교)	컴퓨터공학과
	영남대학교(본교)	컴퓨터공학과
	포항공과대학교(본교)	컴퓨터공학과
경상남도	경남과학기술대학교(본교)	데이터융합학부(데이터사이언스전공)
	경남과학기술대학교(본교)	컴퓨터공학과
	경남대학교(본교)	컴퓨터공학과
	경남대학교(본교)	컴퓨터공학전공
	경남대학교(본교)	컴퓨터공학부
	영산대학교(양산캠퍼스)	컴퓨터공학전공
	영산대학교(양산캠퍼스)	컴퓨터공학과
	영산대학교(양산캠퍼스)	컴퓨터공학부
	인제대학교(본교)	컴퓨터응용과학부
	인제대학교(본교)	컴퓨터공학부
	인제대학교(본교)	헬스케어IT학과
	인제대학교(본교)	컴퓨터시뮬레이션학과
	창원대학교(본교)	컴퓨터공학과
제주특별자치도	제주국제대학교(본교)	컴퓨터응용공학과
	제주대학교(본교)	컴퓨터공학전공
세종특별자치시	고려대학교(세종캠퍼스)	컴퓨터정보학과
	홍익대학교(세종캠퍼스)	컴퓨터정보통신공학과

전문대학교

지역	대학명	학과명
서울특별시	동양미래대학교	컴퓨터정보공학과
	한양여자대학교	컴퓨터정보과
부산광역시	경남정보대학교	컴퓨터정보공학과
	동의과학대학교	컴퓨터정보과
	부산과학기술대학교	컴퓨터정보계열
	부산과학기술대학교	컴퓨터정보과
인천광역시	인천재능대학교	컴퓨터정보과
	인하공업전문대학	컴퓨터정보공학과
	인하공업전문대학	컴퓨터정보과
	한국폴리텍II대학(인천캠퍼스)	컴퓨터정보과
대전광역시	대덕대학교	컴퓨터인터넷학과
	대덕대학교	컴퓨터·군간부학과
	대덕대학교	컴퓨터정보학과
	대전과학기술대학교	컴퓨터정보&스마트폰과
	대전보건대학교	컴퓨터정보통신과
	대전보건대학교	컴퓨터정보학과
	대전보건대학교	컴퓨터정보과
	우송정보대학	컴퓨터정보과
대구광역시	대구과학대학교	컴퓨터통신전공
	대구과학대학교	컴퓨터정보과
	대구과학대학교	컴퓨터정보전공
	수성대학교	컴퓨터정보과
	영남이공대학교	컴퓨터정보과(2년제)
	영남이공대학교	컴퓨터정보과
	영진사이버대학교	컴퓨터정보통신학과
	영진전문대학교	컴퓨터정보계열
	영진전문대학교	컴퓨터정보공학과(1년과정)
울산광역시	울산과학대학교	컴퓨터정보학부
광주광역시	서영대학교	컴퓨터정보과
경기도	강동대학교	컴퓨터정보과
	경기과학기술대학교	컴퓨터정보시스템과
	경민대학교	IT경영과
	경복대학교	컴퓨터정보과 임베디드전공
	경복대학교	컴퓨터정보과 토탈웹서비스전공
	국제대학교	컴퓨터정보통신과
	김포대학교	컴퓨터네트워크과
	대림대학교	컴퓨터정보학부
	동서울대학교	컴퓨터정보과
	동원대학교	컴퓨터정보과
	세계사이버대학	컴퓨터정보통신학과
	수원과학대학교	컴퓨터정보과

지역	대학명	학과명
경기도	수원과학대학교	컴퓨터정보과(2년제)
	신안산대학교	컴퓨터정보과
	안산대학교	컴퓨터정보과
	안산대학교	컴퓨터정보공학과
	여주대학교	컴퓨터정보과
	오산대학교	컴퓨터정보과
	용인송담대학교	컴퓨터정보과
	유한대학교	컴퓨터정보과
강원도	강릉영동대학교	컴퓨터정보과
	강원도립대학교	컴퓨터인터넷과
	상지영서대학교	컴퓨터정보과
	상지영서대학교	컴퓨터정보과(3년제)
	한림성심대학교	컴퓨터정보기술과
충청북도	충청대학교	컴퓨터정보과
충청남도	백석문화대학교	컴퓨터정보학과
	충남도립대학교	컴퓨터정보과
전라북도	전주비전대학교	컴퓨터정보공학과
	전주비전대학교	컴퓨터정보과
전라남도	목포과학대학교	컴퓨터정보전공
	청암대학교	컴퓨터정보과
경상북도	경북전문대학교	컴퓨터정보과
	안동과학대학교	컴퓨터정보과
경상남도	거제대학교	컴퓨터정보학과
	동원과학기술대학교	컴퓨터정보과
	창원문성대학교	컴퓨터정보통신과
	창원문성대학교	컴퓨터정보처리과
제주특별자치도	제주한라대학교	컴퓨터정보과
	제주한라대학교	컴퓨터정보활용과
	제주한라대학교	컴퓨터정보계열

통계학과

일반대학교

지역	대학명	학과명
서울특별시	건국대학교(서울캠퍼스)	응용통계학과
	고려대학교(본교)	통계학과
	덕성여자대학교(본교)	정보통계학과
	동국대학교(서울캠퍼스)	통계학과
	동덕여자대학교(본교)	정보통계학과

지역	대학명	학과명
서울특별시	서울대학교	통계학과
	서울시립대학교(본교)	통계학과
	성균관대학교(본교)	통계학과
	성신여자대학교(본교)	통계학과
	세종대학교(본교)	수학통계학부
	세종대학교(본교)	응용통계학전공/수학통계학부
	숙명여자대학교(본교)	통계학과
	숭실대학교(본교)	정보통계·보험수리학과
	연세대학교(신촌캠퍼스)	계량위험관리전공
	연세대학교(신촌캠퍼스)	응용통계학과
	이화여자대학교(본교)	통계학전공
	이화여자대학교(본교)	통계학과
	중앙대학교(서울캠퍼스)	응용통계학과
	중앙대학교(서울캠퍼스)	수학통계학부(통계전공)
	한국방송통신대학교	정보통계학과
	한국외국어대학교(본교)	통계학과
부산광역시	경성대학교(본교)	정보통계학과
	경성대학교(본교)	응용통계학전공
	경성대학교(본교)	수학응용통계학부
	부경대학교(본교)	통계학과
	부산대학교	통계학과
	부산외국어대학교(본교)	데이터경영·금융학부(데이터경영전공)
인천광역시	인하대학교(본교)	통계학과
	인하대학교(본교)	수학통계학부
대전광역시	대전대학교(본교)	통계학과
	대전대학교(본교)	빅데이터사이언스전공
	충남대학교(본교)	정보통계학과
	충남대학교(본교)	정보통계학전공
대구광역시	경북대학교(본교)	통계학과
	계명대학교	통계학전공
광주광역시	전남대학교(광주캠퍼스)	통계학과
	조선대학교(본교)	컴퓨터통계학과
경기도	가천대학교(글로벌캠퍼스)	응용통계학과
	경기대학교(본교)	응용통계전공
	단국대학교(죽전캠퍼스)	응용통계학과
	단국대학교(죽전캠퍼스)	정보통계학과
	수원대학교(본교)	데이터과학부
	수원대학교(본교)	통계정보학과
	수원대학교(본교)	응용통계학과
	수원대학교(본교)	응용통계학
	안양대학교(안양캠퍼스)	정보통계학과
	안양대학교(안양캠퍼스)	통계데이터과학전공
	용인대학교(본교)	물류통계정보학과
	차의과학대학교	데이터경영학과

지역	대학명	학과명
경기도	한신대학교(본교)	정보통계학과
	한신대학교(본교)	응용통계학과
강원도	강릉원주대학교(본교)	정보통계학과
	강원대학교(본교)	정보통계학전공
	강원대학교(본교)	정보통계학과
	연세대학교(원주캠퍼스)	정보통계학전공
	한림대학교(본교)	금융정보통계학과
	한림대학교(본교)	데이터과학융합스쿨
충청북도	청주대학교(본교)	통계학과
	청주대학교(본교)	빅데이터통계전공
	충북대학교(본교)	수학·정보통계학부 정보통계학전공
	충북대학교(본교)	정보통계학과
충청남도	호서대학교	응용통계학과
전라북도	군산대학교(본교)	통계컴퓨터과학과
	원광대학교(본교)	빅데이터 ? 금융통계학부
	전북대학교(본교)	통계학과
	전북대학교(본교)	통계정보과학과
경상북도	대구대학교(경산캠퍼스)	수리빅데이터학부(통계·빅데이터전공)
	대구한의대학교(삼성캠퍼스)	데이터경영학전공
	대구한의대학교(삼성캠퍼스)	데이터경영학과
	동국대학교(경주캠퍼스)	빅데이터·응용통계학전공
	동국대학교(경주캠퍼스)	ICT·빅데이터학부(자연)
	동국대학교(경주캠퍼스)	응용통계학과
	안동대학교(본교)	정보통계학과
	영남대학교(본교)	통계학과
경상남도	경상대학교	정보통계학과
	인제대학교(본교)	통계학과
	창원대학교(본교)	통계학과
제주특별자치도	제주대학교(본교)	전산통계학과
세종특별자치시	고려대학교(세종캠퍼스)	국가통계전공
	고려대학교(세종캠퍼스)	빅데이터전공
	고려대학교(세종캠퍼스)	응용통계학과
	고려대학교(세종캠퍼스)	경제통계학부(자연)
	고려대학교(세종캠퍼스)	정보통계학과

출처: 커리어넷

인공지능 관련 도서 및 영화

관련 도서

출처 : 교보문고

4차 산업혁명을 이끌 IT 과학이야기 (이재영)

누구나 재미있게 IT 과학이야기를 읽을 수 있는 책이다.

이 책은 인공지능뿐만 아니라 4차 산업혁명시대를 통해 등장하는 다양한 과학기술의 내용을 다루고 있다. 4차 산업혁명시대의 핵심기술인 인공지능, 로봇공학, 스마트카, 소프트웨어, 이 4가지 기술의 정의, 원리, 사례, 관련 분야를 학습할 수 있도록 전문가의 조언으로 구성되어 있다.

십 대가 알아야 할 인공지능과 4차 산업혁명의 미래 (전승민)

이 책은 4차 산업혁명에 대해 미래의 주역 청소년들이 반드시 알아야만 하는 디지털 과학 지식과 그로 인한 삶의 변화를 이야기한다. 인공지능, 로봇, 빅데이터, 사물인터넷, 인터페이스 등 미래 세상의 핵심 기술을 알아보고, 지금 업계에서 떠오르는 미래 유망 직업들과 그 이유까지도 알려 준다. 현재와 미래를 연결하는 기술의 가장 구체적이고 생생한 모습을 보여주며, 최초의 컴퓨터부터 '입는 컴퓨터'까지 기술의 발달과 세상의 발전 관계를 이해하기 쉽게 설명해 준다.

이것이 인공지능이다 (김명락)

이 책은 일반인들이 인공지능에 대해서 기본적으로 알아둘 필요가 있는 내용을 소개하고, 인공지능시대에 어떻게 대비해야 할지 생각할 수 있는 기회를 제공한다. AI의 역사, 기초지식, 활용분야 뿐만 아니라 활용 불가능한 분야까지 이해하기 쉽게 설명하고 있다.

가장 쉬운 AI〈인공지능〉 입문서 (오니시 가나코)

인공지능 시대를 준비하고 살아가야 할 인재들이 머리맡에 두고 읽어야 할 책이다.

이 책은 인공지능의 원리에 대해 쉽게 이해할 수 있도록 다양한 사례를 들어 설명하고, 미래에 인간과 인공지능이 공존하는 방법에 대하여 설명하고 있다. 특히 인공지능의 핵심 이론인 머신러닝, 딥러닝에 대한 이해를 높이기 위해 다양한 도표와 그림을 이용하여 이해하기 쉽게 설명하고 있다.

청소년을 위한 인공지능 해부도감 (인포비주얼연구소)

이 책은 인포그래픽(inforgraphic)이라는 형식의 책으로, 한눈에 들어오는 그림들을 통해 AI를 한번에 이해하도록 돕는 인공지능 입문서이다. 인공지능을 어렵게 느끼는 일반인들은 물론, 특히 미래를 준비하는 청소년들에게 AI의 모든 것을 쉽고 재미있게 보여주는 책이다. AI의 역사, 기초지식, 변화될 직업 및 다가올 미래에 대한 내용을 담고 있다.

관련 영화

출처 : 네이버영화

아이언맨 (2008년, 125분)

천재적인 두뇌와 재능으로 세계 최강의 무기업체를 이끄는 CEO이자 타고난 매력으로 화려한 삶을 살아가던 억만장자 토니 스타크는 아프가니스탄에서 신무기 발표를 마치고 돌아가던 중 게릴라군의 갑작스런 공격에 의해 가슴에 부상을 입고 납치된다. 게릴라군 몰래 탈출용 철갑수트 Mark1을 만들게 되고, 탈출에 성공한다. 미국으로 돌아온 토니 스타크는 자신이 만든 무기가 많은 사람들의 생명을 위협하고, 세상을 엄청난 위험에 몰아넣고 있다는 사실을 깨닫고 무기사업에서 손 뗄 것을 선언한다. 그리고 Mark1을 토대로 최강의 하이테크 수트 Mark3를 만들고, 최강의 슈퍼히어로 '아이언맨'으로 거듭난다.

〈아이언맨〉에 등장하는 AI 비서 자비스(J.A.R.V.I.S.)는 사물인터넷, 예측분석, 기계학습, 대화형 인공지능 등 다양한 정보기술을 지닌 디지털 비서로, 집안의 난방, 조명 등 일상의 사소한 부분부터 아이언맨의 컨디션 체크까지 다양한 상황의 대처법을 알려준다.

썸머워즈 (2009년, 113분)

'OZ'의 보안 관리 아르바이트를 하고 있던 천재수학 소년 '겐지'는 짝사랑 하던 선배 '나츠키'의 부탁으로 시골 여행에 동참하게 된다. '나츠키'의 대가 족과 함께 시골 마을에서의 즐거운 추억도 잠시, 잠을 못 이루고 뒤척이던 겐지에게 '나를 풀어봐!'라는 제목의 2056개의 숫자가 가득한 정체모를 문자 메시지가 날아온다. 겐지는 천재적인 머리를 굴려 암호를 풀어냈고, 다음날 사이버 가상 세계 'OZ'는 사상 최악의 위기에 빠지게 된다. 겐지가 지난 밤 풀어낸 암호는 바로 OZ의 방화벽이었으며, 러브머신이라는 AI(인공지능) 가 이를 이용해 OZ를 난장판으로 만든 것이었다. 'OZ'의 붕괴는 현실 세계의 위기로 이어지고, '겐지'는 이 모든 사건의 주범으로 몰리게 된다. '겐지'와 '나츠키'의 대가족은 인류의 운명을 건 일생일대의 여름 전쟁에 나선다.

그녀 (2013년, 124분)

이 영화는 한 인간이 인공지능에게 사랑을 느끼고, 그 후 이별하는 과정 까지를 담은 영화이다.

다른 사람의 편지를 써주는 대필 작가로 일하고 있는 '테오도르'는 타인의 마음을 전해주는 일을 하고 있지만 정작 자신은 아내와 별거 중인 채 외롭고 공허한 삶을 살아가고 있다. 그러던 중 스스로 생각하고 느끼는 인공지능 운영체제 '사만다'를 만나게 되고, 자신의 말에 귀를 기울이며 이해해주는 '사 만다'로 인해 조금씩 상처를 회복하고 행복을 되찾으며, 사랑을 느낀다.

〈그녀〉에 등장하는 사만다는 업무 비서 역할을 수행할 뿐만 아니라, 인간의 감정을 느끼고 위로해 주는 인공지능이다.

액슬 (2018, 100분)

마일스는 인공지능 로봇개 액슬을 우연히 발견한다. 미래형 병기로 만들어졌지만 강아지의 특징을 간직한 액슬을 지키기 위해 생사를 건 모험을 시작한다.

하이, 젝시 (2020년, 84분)

기상 알람을 시작으로 샤워하면서 BGM, 출근하면서 네비게이션, 퇴근 후 배달앱과 너튜브, 잠들기 전 SNS까지 손에서 도무지 핸드폰을 놓지 못하는 폰생폰사 '필'. 어느 날, '필'은 베프였던 '시리'의 사망으로 새 폰 '젝시'를 만나게 된다. 그렇게 '필'은 집, 회사 무한 루프의 평온한 삶으로 다시 돌아갈 줄 알았지만 더 나은(?) 인생을 위한 인공지능 도우미 '젝시'는 '필'의 직장, 친구 그리고 연애까지 제멋대로 그의 인생에 끼어들기 시작한다.

관련 드라마

보그맘

2017년 9월 15일부터 12월 1일까지 금요일에 방송되었던 MBC 드라마이다. 한 천재 로봇 개발자 '최고봉' 손에서 태어난 AI 휴머노이드 로봇 아내이자 엄마인 '보그맘'이 아들이 입학한 럭셔리 '버킹검 유치원'에 입성하며 벌어지는 좌충우돌을 담은 예능 드라마이다.

출처 : MBC

로봇이 아니야

2017년 12월 6일부터 2018년 1월 25일까지 MBC에서 방송된 MBC 수목 미니시리즈이다. 사람에 대한 상처로 인해 생긴 '인간 알러지' 때문에 사람들과 접촉을 하지 못하고 15년 동안 혼자서 만 지내던 사람들과의 관계가 서툰 KM금융의 의장 김민규가 부득이한 사정으로 로봇인 척 연기를 하게 된 열혈 청년사업가 조지아를 만나 사랑에 빠지는 모습을 그린 '힐링 로맨스 코미디' 드라마이다.

너도 인간이니?

2018년 6월 4일부터 2018년 8월 7일까지 방영된 한국방송공사(KBS 2TV) 월화드라마이다. 인공지능 로봇이 재벌가의 살벌한 권력 전쟁에 뛰어들며 벌어지는 이야기를 그렸다. 한 여자가 오래 전 헤어진 아들이 그리워 만든 인공지능 로봇 남신Ⅲ가 코마에 빠진 아들을 대신해 몰래 생활하게 되며 벌어지는 대국민 인간사칭 사기 프로젝트 드라마이다.

절대그이

2019년 5월 15일부터 2019년 7월 11일까지 방송된 SBS 수목드라마로, 사랑의 상처로 차가운 강철심장이 되어버린 특수 분장사 다다와 빨갛게 달아오른 뜨거운 핑크빛 심장을 가진 연인용 피규어 영구(제로나인)가 펼치는 로맨스 드라마이다.

나 홀로 그대

남모를 아픔을 숨기기 위해 스스로 외톨이가 된 소연과 다정하고 완벽한 인공지능 비서 홀로, 그와 얼굴은 같지만 성격은 정반대인 개발자 난도가 서로를 만나, 사랑할수록 외로워지는 불완전한 로맨스를 그리는 넷플릭스 오리지널 시리즈이다.

출처 : 위키피디아, 나무위키

인공지능 관련 직업 보기

출처 : 커리어넷

생체인식전문가

사람 몸의 특정 부분을 이용해 비밀번호 장치를 만드는 일을 한다. 세부적으로 나누면 지문 인식 전문가, 얼굴 인식 전문가, 서명 인식 전문가, 손 구조 인식 전문가, 제스처 인식 전문가, 홍채 인식 전문가, 정맥 인식 전문가 등이 있다.

*생체 인식 : 사용자 신체의 특정 부분을 읽고 분석한 후에 기존에 저장된 데이터와 비교해서 본인임을 확인하는 기술을 말한다.

◆ 구체적인 수행직무

• 디지털카메라, 스캐너 등의 장치로 생체 정보(지문, 얼굴, 눈동자의 홍채, 정맥 등)를 파악하여, 본인임을 확인해 주는 장치를 만드는 일을 한다.

• 본인 확인을 위해 사용될 영상 정보를 컴퓨터가 처리할 수 있는 상태로 저장하는 프로그램을 만든다.

• 지문이나 얼굴 등을 인식할 수 있는 인식기와 같은 하드웨어 부분을 개발한다.

◆ 활용 분야

생체 인식은 사람마다 다르게 갖고 있는 고유한 신호를 이용하기 때문에 도난 및 분실의 염려가 없고 위조 및 변조가 어렵다. 따라서 (정보)보안이 필요한 산업 분야 및 금융 서비스·통신·의료·치안 관리·전자 상거래 등의 분야에서 활용된다.

빅 데이터 전문가

빅 데이터를 분석하여 새로운 것을 발견하고 미래를 예측하는 일을 수행한다.

◆ 구체적인 수행직무

- 대량의 빅 데이터를 이용해 사람들의 행동이나 시장의 변화 등을 분석하는데 도움이 되는 정보를 제공한다.
- 구체적으로 데이터 수집, 저장 및 분석, 데이터 시각화 등을 통해 정보를 제공한다.
- 빅 데이터와 관련된 새로운 기술, 유행, 트렌드 등을 수시로 파악한다.

◆ 활용 분야

금융(신용 리스크 관리, 로보어드바이저), 유통(계절에 따라 생산이나 판매가 달라지는 상품 예측, 백화점 및 매장의 상품 진열), 제조(불량 제품이 발생할 가능성을 미리 알려줌), 서비스, 의료, 공공 분야 등 활용분야가 다양하다.

가상현실전문가

IT 기술과 디자인으로 상상의 세계를
현실로 표현하는 일을 한다.

◆ 구체적인 수행직무

- 가상현실을 어떻게 구현할 것인지 기획하고 방향을 설정한다.

- 컴퓨터그래픽(CG)으로 현실에 존재하지 않는 배경과 구성 요소를 3차원으로 만들어 음향 및 움직임 등의 효과를 넣어 콘텐츠를 제작한다. (그래픽기반 VR)

- 실제 현장을 360도 카메라로 촬영 후 여러 각도의 영상을 하나로 합쳐서 현장에 있는 듯한 느낌을 주는 콘텐츠를 제작한다.

◆ 활용 분야

가상현실전문가는 게임과 같은 문화 콘텐츠 산업을 중심으로 활용하고 있으며, 점차 확대되어 군사, 교육, 의료 다양한 분야에서도 활용 가능할 것이다.

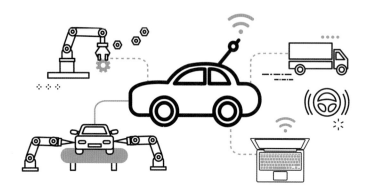

무인 자동차 엔지니어

운전자의 조작 없이도 자동차 스스로 도로 상황을 파악해 목적지에 도착하도록 하는 기술을 개발한다.

◆ 구체적인 수행직무

- 무인 자동차 엔지니어는 무인 자동차가 도로를 달리는 데에 필요한 전문 분야의 첨단 기술을 설계하고 개발한다.

- 무인 자동차 주변의 상황을 파악하는 기술, 자동으로 무인 자동차의 움직임을 조절하는 기술 등 다양한 기술 분야를 다양한 방식으로 결합하여 무인 자동차를 설계하고 만든다.

◆ 활용 분야

자동차 분야는 물론이고, 기계, 전기, 전자, 정보 통신 등과 같은 다양한 분야에서 활용된다.

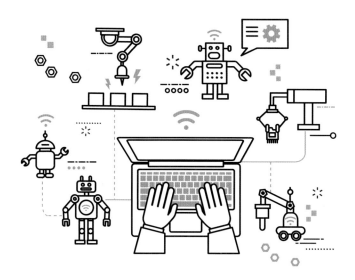

로봇공학자

모든 분야에서 사람을 대신할 수 있는 로봇을 제작한다.

◆ 구체적인 수행직무

- 크고 작은 부품과 장치들을 연구·개발하고 하나의 로봇으로 조립하여 만든다.
- 로봇을 개발, 운용, 정비, 수리한다.
- 로봇 개발을 위한 기초 기술(인공지능, 센서, 기계 부품, 하드웨어, 소프트웨어 제작 등)을 연구하여 제조로봇 등 공장에서 사용되는 산업용로봇, 수술로봇과 배달로봇 같은 전문서비스 로봇, 로봇 청소기나 학습 지원 로봇 등 개인 서비스 로봇을 개발한다.

◆ 활용 분야

로봇을 개발하고 연구하는 로봇회사뿐만 아니라 자동차 회사, 가전제품 회사처럼 로봇을 이용하여 제품을 생산하는 회사나 로봇을 이용하여 물건을 배달하거나 교육을 하는 회사 등 로봇을 활용하는 모든 분야에서 활동할 수 있다.

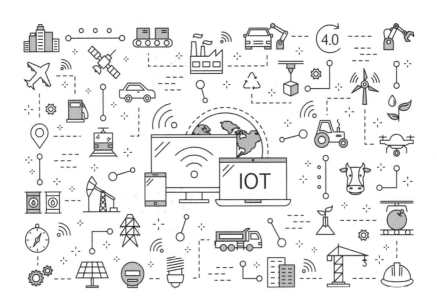

사물 인터넷 전문가

모든 사물에 인터넷을 연결하여 새로운 가치나 서비스를 창출한다.

*사물인터넷 : 사물에 센서를 부착해 실시간으로 데이터를 인터넷으로 주고 받는 기술이나 환경을 말한다.

◆ 구체적인 수행직무

- 우리 주변에 있는 사람, 사물, 공간과 관련된 데이터를 인터넷으로 연결하여 새로운 정보의 생성·수집·공유·활용을 가능하게 하고, 이를 통해 새로운 가치나 이전에 없던 편리함을 사람들에게 제공한다.

- 우리 사회의 안전, 복지, 교통, 환경 등에 문제가 없는지 점검하고 더 편리하고 안전한 삶을 만들기 위해 사물 인터넷 기술을 활용한 해결 방안을 찾는다.

- 구체적으로 스마트 홈, 스마트 빌딩, 스마트 시티, 스마트 물류, 공항 출입국 관리 시스템 등 사람들의 일상생활 속 정보통신 환경을 편리하고 안전하게 만들어 가는 일을 수행한다.

- 사물 인터넷 기술과 서비스를 판매하거나 구입할 수 있는 제품으로 다듬는다.

◆ 활용 분야

주로 농산업, 자동차 산업, 광산업, 에너지 및 재생에너지, 헬스 케어, 보안 등의 분야에서 활용할 수 있다.

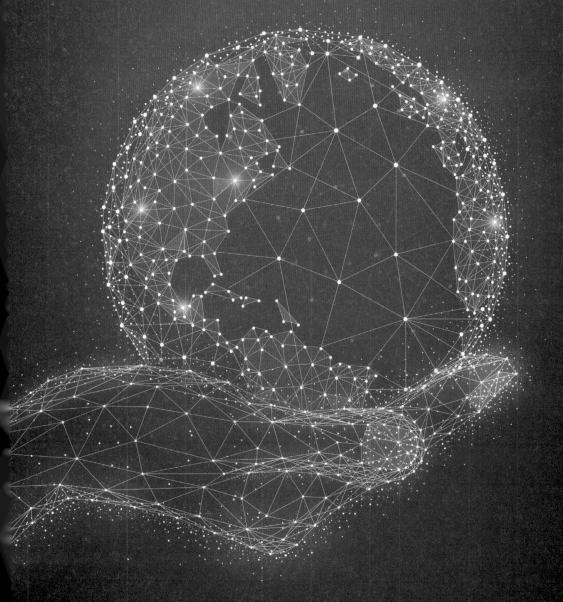

생생 인터뷰 후기

● 저자 박성권

인공지능에 대한 관심은 학창 시절에 보았던 영화 '매트릭스'에서부터 시작되었다.

기계가 지배하는 인류의 미래를 다룬 영화, 소설, 다큐멘터리는 흥미롭지만 암울하고 자극적이지만 깊이 사유하게 했다. 인간만이 가진 인간다움에 대해서.

인간을 닮은 아니 인간보다 더 월등한 인공의 생명체가 나온다면 세상은 어떻게 변할까?

그 속에서 나는 어떤 삶을 살아가고 있을까?

나는 그들 아니면 그것들을 무어라 정의하고 내 마음은 어디로 향할까?

단순히 미지의 존재에 대한 호기심을 넘어 머지 않은 미래에 곧 들이닥칠 현실이 될거라는 확신이 들었다. 지금 생각해 봐도 참 이상하다. 아무런 근거도 없는 확신이 왜 들었을까?

스탠리 큐브릭 감독의 걸작 '2001 스페이스 오디세이'에서 느낀 섬뜩함을 2016년 3월 이세돌과 알파고의 대국에서 현실판으로 실감할 수 있었다. 구글 딥마인드의 알파고가 인간 대표 이세돌을 바둑에서 압승한 그곳은 내가 당시 근무하던 회사에서 걸어서 5분 남짓 거리에 위치한 익숙한 일상 속 공간이었다.

이세돌이 승리한 제4국의 결정적 한 수인 78수와 제2국에서 인간의 지능적 판단과는 다른 선택을 한 알파고의 37수가 나에게 주는 의미를 한참이 지난 뒤에야 알게 되었다.

그해 7월 진로 강사를 시작으로 캠퍼스멘토에서 청소년 교육에 매진하고 있는 나. 진로교육 관점에서 인공지능을 비롯한 미래기술을 해석하고 이를 교육 콘텐츠로 만드는데 주력하고 있다.

특히 작년 '미래학교2045' 교원 연수와 올해 '빨간운동화' 교육 봉사를 터키로 다녀오며 본격적으로 인공지능을 탐구하고 있다.
우리 아이들이 살아갈 세상, 그 변화와 핵심기술을 이해하고 자신의 진로와 연계해 역량을 펼칠 수 있게 하려면 내가 할 수 있는게 무엇일지를 고민하고 실천하는 중이다.

이 과정에서 '인공지능과 진로교육' 특강, '미래산업과 미래직업' 연수, '초연결 사회와 진로' 캠프, 그리고 '인공지능 전문가 어떻게 되었을까?' 출간을 진행하고 있다.
책 출간을 위해 인터뷰 질문지를 작성하다가 인간다움에 대한 전문가들의 의견이 너무 궁금해서 인터뷰를 수락한 여섯분의 영상과 기사를 보고 또 보았다.
인터뷰를 통해 그들의 삶과 여정을 쫓으며 겸손과 확신, 인류애와 사명감을 여섯분 모두에게서 느낀건 우연이었을까.

김진형 석좌교수님과의 인터뷰에서는 존경을, 송은정 교수님은 배려를, 이교구 교수님은 친근함을, 이형기 상무님은 멋짐을, 김영환 원장님은 도전을, 김준호님은 열정을 느낄 수 있었다.

여섯분의 인공지능 전문가를 만나 인터뷰를 하는 과정에서 인공지능을 비롯한 미래기술이 어떻게 사용되고 누구를 위해 존재하고 왜 필요한지를 결정하고 만들어가는 건 우리들 자신이라는 걸 알 수 있었다.
삶의 의미를 발견하고 실현하는 주체가 나인 것처럼.

"유토피아를 꿈꾸지 말고 지금 여기서 유토피아를 살아라."
이 책을 접하는 모든 분들에게 전하고 싶다.